ullstein

Das Buch

Die Weltwirtschaft steht Kopf, und »Leistung lohnt sich« war einmal. Egal, wie sehr sich Mitarbeiter auch abstrampeln, am Ende landen sie doch bloß auf der Straße oder im Burn-out. Klassische Karriereratgeber predigen trotzdem noch perfektes Zeitmanagement. Dabei möchten viele Arbeitnehmer inzwischen viel lieber wissen, wie sie den Dauerdruck im Job geschickt unterlaufen und klammheimlich für Entspannung am Arbeitsplatz sorgen können.
Bestsellerautorin Susanne Reinker hat nun den ersten alternativen Work-Life-Balance-Ratgeber vorgelegt. Mit trockenem Humor und vielen Tipps erklärt sie, wie Faultiere im Büro clever über die Runden kommen. Sie lehrt die Kunst, sich gleichzeitig unsichtbar und unentbehrlich zu machen – und obendrein sogar von Mitarbeitern und Vorgesetzten geschätzt zu werden. Die Faultierstrategie ist ein subversiver Überlebensratgeber für alle, die selbst in schwierigen Zeiten ihren Job möglichst locker überstehen und ihrem Chef nicht mehr als das abliefern wollen, was er verdient.

Die Autorin

Susanne Reinker arbeitete nach ihrem Studium beim Goethe-Institut und war Pressesprecherin in der Filmbranche, bevor sie sich als Autorin etablierte. Ihr Bestseller *Rache am Chef* war wochenlang auf der *Spiegel*-Bestsellerliste.

Von Susanne Reinker ist in unserem Hause bereits erschienen:

Rache am Chef
Unkündbar!

Susanne Reinker

Die Faultierstrategie

Clever durch den Arbeitsalltag

Ullstein

Besuchen Sie uns im Internet:
www.ullstein-taschenbuch.de

Dieses Taschenbuch wurde auf FSC-zertifiziertem Papier gedruckt.
FSC (Forest Stewardship Council) ist eine nichtstaatliche,
gemeinnützige Organisation, die sich für eine ökologische und
sozialverantwortliche Nutzung der Wälder unserer Erde einsetzt.

Ungekürzte Ausgabe im Ullstein Taschenbuch
1. Auflage Juni 2010

Umschlaggestaltung: HildenDesign, München
(unter Verwendung einer Vorlage von Etwas Neues entsteht, Berlin,
Dominik Schloemp)
Titelabbildung: Getty Images
Satz: LVD GmbH, Berlin
Gesetzt aus der Joanna und Rotis SemiSans
Papier: Pamo Super von Arctic Paper Mochenwangen GmbH
Druck und Bindearbeiten: CPI – Ebner & Spiegel, Ulm
Printed in Germany
ISBN 978-3-548-37332-4

Das Faultier hängt, man glaubt es kaum,
nur scheinbar faul an seinem Baum.
Es grübelt angestrengt und fragt,
warum die Menschheit sich so plagt.

Unbekannter Dichter

Inhaltsverzeichnis

Vorwort

Faul? Im Job? Völlig unmöglich, in jeder Hinsicht. Faulenzer sind dumme Drückeberger, und in der globalisierten Arbeitswelt kommen nur die Besten durch. Ohne Fleiß nun mal kein Preis.

So weit die altvertrauten Gewissheiten. Die werden allerdings gerade von der Wirklichkeit überholt. Wer heutzutage im Job sein Bestes gibt, wird nur noch selten mit einer Beförderung oder wenigstens mit einem anständigen Gehalt oder einem sicheren Arbeitsplatz belohnt. Der Spaßanteil sinkt, dafür steigt der Druck, und der Dauerstress schlägt immer mehr Menschen auf die Gesundheit. Selbst jahrelanger vorbildlicher Einsatz schützt niemanden mehr davor, im Zuge einer »Rationalisierungsmaßnahme« ruckzuck vor die Tür gesetzt zu werden. Wenn *das* der Preis für all den Fleiß ist – dann sind womöglich die Fleißigen die Dummen.

Wie klug sind da die Faultiere. Sie leben gemütlich, gesund und erfolgreich nach dem Motto: »Lieber unterschätzt als überfordert«. Im Laufe der Evolution haben sie diverse Überlebensstrategien entwickelt, die es ihnen erlauben, sich ohne großen Aufwand durchs Leben zu hangeln und obendrein von Fressfeinden unentdeckt zu bleiben.

Die Überlebensstrategien der Faultiere lassen sich erfreulicherweise ohne weiteres vom südamerikanischen Dschungel auf das

Arbeitsleben übertragen. Kreativ und kontinuierlich angewendet, erweisen sie sich für geplagte Mitarbeiter als ausgesprochen segensreich:

- Sie schützen vor Ausbeutung, Selbstausbeutung, Überforderung und Stresskrankheiten.
- Sie verringern das allgemeine Arbeitstempo, eröffnen zahlreiche Möglichkeiten der innerbetrieblichen Entspannung und führen so zu mehr Freude am Job.
- Sie eignen sich hervorragend als Erste-Hilfe-Programm für erschöpfte Mitarbeiter und Workaholics.
- Kollektiv eingesetzt, verbessern sie das Betriebsklima und unterstützen so auch Arbeitsmarkt, Konsum und Produktivität.

DIE FAULTIERSTRATEGIE erklärt erstmals praxisnah, wie und unter welchen Bedingungen die Strategien des verdeckten Müßiggangs im Job funktionieren. Das Buch verbindet Erkenntnisse der Faultierforschung mit aktuellen Trends, Studien und Theorien rund um Tun und Lassen. Nicht zuletzt spielen auch die Empfehlungen gängiger Karriereratgeber eine große Rolle: Die dienen zwar eigentlich dem schnellen Aufstieg, lassen sich jedoch erstaunlich gut für Faultierziele zweckentfremden.

Einige Menschen sind von Natur aus Faultiere. Andere haben den getarnten Müßiggang im Laufe eines langen Berufslebens instinktiv erlernt, um Nerven, Gesundheit und Lebensqualität zu schützen. Klammheimlich sind sie vom Maultier zum Faultier geworden. Mit der FAULTIERSTRATEGIE wird auch Ihnen dieser kluge Rollentausch gelingen.

Susanne Reinker
Im Januar 2009

TEIL I

Die Faultierstrategie: Grundlagen

Kapitel 1

Lieber unterschätzt als überfordert: Faultiere in der Natur

»Unbekümmert schlafen, aber wachsam scheinen! Lammfromm sein, aber grimmig aussehen! So kommt man durchs Leben und bleibt ungeschoren.«

Hermann Tirler, Tagebuch eines Faultiers[1]

Langsam währt am längsten

Im kollektiven Bewusstsein führt das Faultier eine wenig beachtete Randexistenz. Was die meisten Leute mit diesem Wesen in Verbindung bringen, beschränkt sich auf die Erinnerung an Besuche im Zoo. Dort hängt gelegentlich etwas herum, das starke Ähnlichkeit mit einem verschimmelten Flokati hat. Da der Flokati obendrein so gut wie nie irgendwelche erkennbaren Lebenszeichen von sich gibt, ist seine Beobachtung ungefähr so spannend wie der Versuch, einem Baum beim Wachsen zuzuschauen.

Das Interesse an dem Tierchen hält sich allgemein in ziemlich engen Grenzen. Selbst Faultierforscher, von Berufs wegen mit schier übermenschlicher Geduld ausgestattet, verzweifeln manchmal an der mangelnden Kooperationsbereitschaft ihrer Studienobjekte. Die entziehen sich nämlich durch hartnäckiges Nichtstun neugierigen Verhaltensforschern und Dokumentarfilmern auf der Jagd nach niedlichen Tiergeschichten. Faultiere gelten deshalb als die Dumpfbacken des Tierreichs: Wer sein ganzes Leben so dermaßen antriebslos abhängt, der ist offensichtlich nicht mit reger Intelligenz gesegnet.

Es geht eben nichts über eine solide Tarnung. Denn auch wenn über die Intelligenz von Faultieren umständehalber noch keine genauen Forschungsergebnisse vorliegen, hat die Wissenschaft inzwischen doch erkannt, dass Faultiere aus entwicklungsgeschichtlicher Sicht ziemlich clevere Überlebenskünstler sind. In freier

Wildbahn setzen nämlich fast alle anderen Säugetiere auf Flucht und Geschwindigkeit – eine überaus anstrengende Strategie, noch dazu längst nicht immer von Erfolg gekrönt. Das Faultier hingegen entschied sich, vermutlich ohne längeres Nachdenken, für Tarnung durch Zeitlupe. Die Vorteile liegen klar auf der Hand: Wer gar nicht erst entdeckt wird, der muss sich nicht bis zum Umfallen abhetzen, um seine Haut zu retten. So erspart sich das Faultier ungesunde Hektik und schont seine Energiereserven, zum Besten seines allgemeinen Wohlbefindens.

Es geht nichts über eine solide Tarnung

Mit seiner Zeitlupen-Logik hat es das Faultier ziemlich weit gebracht. Es ist eines der ältesten Säugetiere; vergleichbar große, aber temperamentvollere Tiere von Säbelzahnkätzchen bis Ozelot sind längst ausgestorben oder inzwischen so gut wie ausgerottet. Das Faultier jedoch hat in aller Gemütsruhe die Jahrtausende genutzt, um an seiner Überlebensstrategie zu arbeiten. Und so kommt es, dass dieses auf den ersten Blick unscheinbare Geschöpf bei genauer Betrachtung einige erstaunliche Talente und Eigenschaften offenbart. Am Boden bewegt es sich zwar recht ungelenk und mit geradezu grotesker Langsamkeit. Doch wer daraus auf allgemeine Ungeschicklichkeit schließt, hat sich schwer getäuscht: Faultiere können verblüffend gut klettern und schwimmen. Nur sehen sie selten einen zwingenden Grund, ihr Können öffentlich zu demonstrieren.

Ihre überraschende Behändigkeit verdanken die Faultiere nicht zuletzt einem extrem flexiblen Halsbereich. Einige Arten zeichnen sich sogar durch neun statt der üblichen sieben Halswirbel aus. Diese Eigenschaft ermöglicht es ihnen, sich mühelos aus fast jeder Richtung Futter zu beschaffen. Und zwar ohne sich dabei ernsthaft von der Stelle bewegen zu müssen. Nun ist Futter aus immer demselben Umkreis nicht wirklich abwechslungsreich. Den Faultieren ist das jedoch egal. Sie setzen lieber auf stressfreie Genügsamkeit als auf schweißtreibende Spezereienbeschaffung. Und geben sich daher mit dem zufrieden, was ihnen in ihrer unmittelbaren Umgebung quasi ins Maul wächst. Auf diese Weise haben sie viel Zeit für das, was sie am liebsten tun: schlafen. Dieses Hobby wiederum ist keinesfalls öde und pennerhaft, sondern ausgesprochen gesund. Denn wer viel schläft, verbraucht nur wenig Energie und fördert allein dadurch Gesundheit und Lebenserwartung. Wobei noch nicht abschließend geklärt ist, wann Faultiere schlafen und wann sie nur mit geschlossenen Augen nachdenken. Tatsache ist jedenfalls, dass sie von Natur aus gegen Frust, Ärger, Wut und andere emotionale Wallungen gefeit sind, die unsereins gerne um den Schlaf bringen. Faultiere haben nämlich eine außergewöhnlich niedrige Körpertemperatur. Die dient eigentlich dazu, ihren Energiebedarf auf Sparflamme zu halten. Sie schont aber auch ihre Nerven: Faultiere bleiben einfach immer cool.

Und warum sollten Faultiere sich auch sorgen oder aufregen, wo sie doch so gut geschützt sind? Im Laufe der Evolution haben sie sich neben der Zeitlupe auch eine optische Tarnung zugelegt, die sie fast unsichtbar werden lässt. Zunächst bieten sie im Rahmen des bewährten »Eine Hand wäscht die andere«-Prinzips in ihrem Fell diversen Algen- und Insektenarten ein kuscheliges Zuhause. Die zeigen sich ihrerseits erkenntlich durch grünliche Verfärbung des Faultierfells und lebhaften Flug- und Krabbelbetrieb. So sorgen sie dafür, dass ihr Gastgeber in seiner natürlichen Umgebung kaum noch wahrnehmbar ist. Und sollte zufällig doch mal jemand genauer hinschauen, so wird er nie auf den Gedanken kommen, dass hier gerade ein Faultier unbedarft vor sich hin träumt. Denn sein Fell ist im Augenbereich häufig durch breite dunkle Streifen gezeichnet. Sie sorgen dafür, dass Faultiere auch im tiefsten Schlaf grundsätzlich hellwach und respekteinflößend wirken.

Im Ernstfall lässt sich mit den Streifen allein natürlich ziemlich wenig ausrichten. Und dieser Ernstfall ist auch für Faultiere nie auszuschließen. Immerhin bekommen sie es gelegentlich mit ein paar äußerst ungemütlichen Fressfeinden zu tun, allen voran Schlangen und Greifvögel. Ihnen sind die Faultiere jedoch nicht völlig hilflos ausgeliefert. Zunächst einmal haben sie ein ausgesprochen dickes Fell. Es schützt sie ganz allgemein vor Verletzungen und bewahrt sie selbst bei Stürzen aus großer Höhe vor ernsthaften Blessuren. So gut gesichert, können Faultiere ganz plötzlich auch ganz anders: Sie sind zwar im Allgemeinen überaus friedliebend und nur schwer zu reizen. Doch wenn sie angegriffen oder geärgert werden, können sie beeindruckend schnell zuschlagen und den Angreifer mit ihren scharfen Klauen das Fürchten lehren.

Faultiere stellen sich dem täglichen Daseinskampf also mit ungewöhnlichen, aber seit Ewigkeiten bewährten Strategien. Ihre spezifischen Fähigkeiten bewahren sie vor der Entdeckung durch deutlich schnellere und stärkere Gegner. Sie ersparen ihnen aufreibende Konkurrenz- und Statuskämpfe. Sie halten den Tieren jede Form von Hektik vom Leib und ermöglichen ihnen das fröhliche *carpe diem*, das die meisten Menschen nur als Mythos aus esoterisch angehauchten Entspannungs-Ratgebern kennen. Ihr Lebenswandel und ihr Speiseplan sind zwar nicht so abwechslungsreich wie bei vielen anderen Säugetier-Kollegen, doch gemessen an dem geringen Aufwand, den Faultiere um ihr Dasein treiben, erzielen sie überaus beachtliche Resultate.

Obendrein erfreuen Faultiere sich einer gesegnet hohen Lebenserwartung. Die größenmäßig in etwa vergleichbaren, aber wesentlich dynamischer auftretenden Brüllaffen bringen es in freier Wildbahn auf ca. 16 Jahre. Faultiere hingegen können dank ihrer entschiedenen Beschränkung auf das Wesentliche im Leben – schlafen, essen, trinken – weit über dreißig Jahre alt werden. Damit leben sie glatt doppelt so lange, wie es eigentlich angesichts ihrer Größe und ihres Gewichts zu erwarten wäre. Das sagen jedenfalls die Stoffwechselexperten. Sie gehen davon aus, dass jedes Lebewesen ein »Lebensenergie-Konto« hat, auf dem ihm pro Gramm Körpergewicht ungefähr die gleiche Energiemenge zur Verfügung steht. Diese Energie wird nicht nur durch natürliche Aktivitäten wie Atmung und Stoffwechsel verbraucht, sondern unter anderem in gewaltigem Umfang durch Schlafmangel und vor allem durch Stress. Diese beiden Zivilisationskrankheiten sind ausgesprochene Energiefresser, weil sie den Körper dazu zwingen, extrem hochtourig zu arbeiten. Und das passiert nicht ungestraft: Je höher das Tempo ist, mit dem die Lebensvorgänge im Organismus ablaufen, desto schneller ist der Körper am Ende.

Bei Faultieren kann in Sachen »Lebensvorgänge« von Tempo nicht die Rede sein. Sie bleiben immer hübsch bedächtig und pflegen so ihre Gesundheit. Denn sie wissen schon lange, was moderne Anti-Stress-Experten ihrer chronisch überlasteten Kundschaft erst mühsam beibringen müssen: »Müßiggang schenkt Lebenszeit!«[2]

Vorbild Faultier

Unter den Menschen findet sich gelegentlich das eine oder andere Exemplar, das starke Ähnlichkeit mit einem Faultier aufweist. Diese Naturtalente erweisen sich in den typischen stressreichen, belohnungsarmen Beschäftigungsverhältnissen unserer Zeit als wahre Überlebenskünstler, die noch aus kärgsten Bedingungen für sich selbst das Beste machen. Doch auch Arbeitnehmer, denen dieses Talent nicht gegeben ist, müssen nicht verzagen: Sie können die Faultierstrategie durchaus erlernen. »Lieber unterschätzt als überfordert« ist ein Leitsatz, der auch am Arbeitsplatz Gültigkeit besitzt, und die geheimen Taktiken der Faultiere lassen sich mit etwas Phantasie recht einfach auch im Job anwenden. Hier die wichtigsten Faustregeln auf einen Blick:

Lieber unterschätzt als überfordert

- **Genügsam sein.** Ehrgeiz beendet jede Faultierkarriere, bevor sie angefangen hat. Wenn Sie hingegen bescheiden die paar Vorzüge genießen, die jeder feste Brotjob mit sich bringt, werden Sie sich wahrscheinlich eines langen, friedlichen Faultierlebens erfreuen können.
- **Stärken verbergen.** Lassen Sie andere ruhig in dem Glauben, Sie seien leistungsmäßig eher Durchschnitt. Das bewahrt Sie zuverlässig vor Ärger, Arbeit und Überstunden.

- **Flexibilität demonstrieren.** Je mehr Sie sich Ihrer Umgebung und den persönlichen Wünschen (und Marotten) Ihres Chefs anpassen, desto mehr wird er Sie mögen. Und desto weniger wird er auf Ihre tatsächliche Leistung achten.
- **Cool bleiben.** Denn im Reizklima der Arbeitswelt können Sie ohne Mühe einfach dadurch punkten, dass Sie gestressten Kollegen und Chefs als »ruhender Pol« und »Fels in der Brandung« dienen.
- **Gegenseitige Gefälligkeiten pflegen.** Wenn Sie Ihren Kollegen Dinge bieten, die für Sie anstrengungsfrei zu organisieren sind, zeigen die sich gerne erkenntlich in Bereichen, die für Sie mit Anstrengung verbunden wären.
- **Tarn-Outfit anschaffen.** Mit Algenbewuchs kommen Sie im Job natürlich nicht weiter. Dafür aber mit sorgsam gewähltem Büro-Outfit und strategisch ausgerichtetem Verhalten.
- **Dickes Fell zulegen.** Das bewahrt Sie zuverlässig vor Kritik, Selbstkritik, Perfektionismus, fiesen Cheftricks und sonstigen Stressmachern.
- **Selbstverteidigung lernen.** Die natürlichen Fressfeinde des Bürofaultiers sind Vorgesetzte, Personaler und Controller. Doch selbst diesen scheinbar übermächtigen Gegnern sind Sie nicht hilflos ausgeliefert. Vorausgesetzt, Sie beherrschen gewisse Notwehr-Techniken. Haben Sie die einmal gelernt, können Sie sich gegen Angriffe aller Art überraschend schlagkräftig wehren.

All diese Taktiken zu erlernen und zu trainieren ist zugegebenermaßen mit einer gewissen Anstrengung verbunden. Aber da müssen Sie jetzt durch, wenn Sie ein echtes Faultier werden wollen. Bereits in Faulheit geübte Leser können sich die Lektüre dieses Buches allerdings leichter machen. Sie wissen sowieso instinktiv, was ihnen guttut und was nicht. Wenn Sie zu dieser glücklichen Spezies gehören und lediglich ein paar neue Anregungen, eine Auffrischung oder Vertiefung benötigen, können Sie auf die nun folgenden theoretischen Ausführungen zum tieferen Sinn des Faultiertums verzichten. In diesem Fall gehen Sie gleich über zur Faultierstrategie in der beruflichen Praxis, s. S. 83 ff.

Kapitel 2

Ohne Fleiß kein Preis?
Wie der Stress in unser Leben kam und was er da anrichtet

»In der einen Hälfte des Lebens opfern wir unsere Gesundheit, um Geld zu erwerben; in der anderen opfern wir Geld, um die Gesundheit wiederzuerlangen.«

VOLTAIRE

Früher war alles easy oder:
Wie die Arbeit vom Fluch zum Segen wurde

Obwohl es wissenschaftliche Indizien dafür gibt, dass auch zweibeinige Faultiere nicht nur länger und gesünder, sondern vor allem besser leben als nimmermüde Fleißarbeiter, steht der gepflegte Müßiggang zumindest offiziell erstaunlich schlecht im Kurs. Vielleicht sind daran ja diese ganzen Antreiber-Sprichwörter schuld: Erst die Arbeit und dann das Vergnügen. Ohne Fleiß kein Preis. Müßiggang ist aller Laster Anfang. Arbeit macht das Leben süß. Und: Wer nicht arbeitet, soll auch nicht essen. Auch *das* noch.

Dabei haben das die alten Griechen schon mal ganz anders gesehen. Berühmte griechische Philosophen widmeten sich mit Hingabe der Muße und Erbauung. Erwerbstätigkeit war in ihren Augen ein Hemmnis für die geistige Entwicklung des Menschen; ein Übel, dem man sich nur aus Not oder Geldgier ergab. Wie wahr. Von Aristoteles stammt die hellsichtige Erkenntnis: »Arbeit und Tugend schließen einander aus.« Und für Sokrates war die Muße die Schwester der Freiheit. Wer sie ungestört genießen wollte, der schraubte im Zweifelsfall lieber seine Bedürfnisse auf ein Minimum herunter, als sich nur für die Kohle in Lohn und Brot zu begeben, immer nach dem Motto »Lieber wenig wollen als viel ackern«.

Lieber wenig wollen als viel ackern

Ausgedehnte Shoppingtouren kamen für Sokrates jedenfalls schon aus Prinzip nicht in Betracht: »Wenn ich auf den Markt gehe, wird mir bewusst, wie viele Dinge es gibt, die ich nicht brauche.«

Die antiken Aussteiger erkannten eben schon damals, dass Glück nun mal nicht vom Haben kommt, sondern vom Sein. Ihr berühmtester Vertreter, Diogenes, lebte in einer Tonne, die vermutlich recht bescheiden ausgestattet war. Als Alexander der Große einmal zufällig vorbeigeritten kam und ihn fragte, ob er ihm nicht irgendwie helfen könne, da brachte Diogenes nicht etwa den Wunsch nach W-LAN und Warmwasseranschluss über seine Lippen, sondern lediglich ein freundliches: »Geh mir doch bitte einfach aus der Sonne, okay?«

Auch die Verfasser der Bibel predigten nicht die Hingabe an die lebenslange Plackerei, im Gegenteil: Im Alten Testament gilt Arbeit kurz, bündig und ausgesprochen zutreffend als Strafe. Gott verhängte sie, weil Adam und Eva partout nicht hören wollten und unbedingt in diesen blöden Apfel beißen mussten. Seitdem müssen die Menschen bekanntlich ihr Brot im Schweiße ihres Angesichts verdienen.

Hätte Adam damals auch nur geahnt, welche ausgesprochen lästigen Folgen seine spontane Lust auf einen Apfel haben würde – er wäre vermutlich freiwillig auf eine Banane umgeschwenkt. Doch so nahm das Unheil seinen Lauf. Jesus versuchte zwar später in der Bergpredigt, das Ruder noch mal rumzureißen, ganz so, als ob er geahnt hätte, wie unermüdlich und unbelehrbar die Menschheit in Zukunft schuften würde: »Sehet die Vögel unter dem Himmel an: Sie säen nicht, sie ernten nicht, sie sammeln nicht in die Scheunen; und Euer himmlischer Vater ernährt sie doch. (…) Drum sorgt nicht für morgen, denn der morgige Tag wird für das Seine sorgen.« Hätte der Sohn Gottes seine Botschaft heute unters Volk bringen wollen, hätte er es wohl so ausgedrückt: »Macht Euch mal locker. Es ist nun wirklich nicht nötig, dass Ihr Euch ständig ein Bein ausreißt. Habt ein bisschen Vertrauen, und der Rest wird sich schon finden.« Bereits damals war es schlau, diesen

Rat zu beherzigen. Zumal man durch das Zusammenraffen weltlichen Wohlstands beim Jüngsten Gericht sogar ausgesprochen schlechte Karten hatte: Wie in jenen Tagen noch jeder wusste, kam eher ein Kamel durch ein Nadelöhr als ein Reicher in den Himmel.

Eine klare Sache, sollte man meinen. Leider sah Luther das dann alles völlig anders. Anfang des 16. Jahrhunderts erklärte er den Müßiggang zur Sünde und die Arbeit zur heiligen Pflicht. Seitdem ist Schluss mit lustig. Der Reformator ließ verlauten, dass Gottes Gnade nur im Tausch gegen gute Arbeit zu haben sei. Kein wirklich sicherer Deal. Trotzdem legten im 17. und 18. Jahrhundert die Puritaner noch mal nach. Sie vertraten die Überzeugung, wirtschaftlicher Erfolg sei ein Zeichen des Auserwähltseins von Gott. Was so ziemlich das Gegenteil der Geschichte vom Kamel und dem Nadelöhr ist. Doch das hat offenbar kaum jemanden verwundert.

So nahm die Umetikettierung der Arbeit vom Fluch zum Segen ihren Lauf. Erschwerend kam hinzu, dass diverse Erfindungen, die eigentlich den Menschen das Leben erleichtern sollten – elektrisches Licht, Dampfmaschinen, Fließbänder, Computer –, unterm Strich mehr anstatt weniger Arbeit zur Folge hatten. Jedenfalls für all diejenigen, die für ihr täglich Brot arbeiten gehen müssen. Die freuten und freuen sich bis heute, dass sie überhaupt einen Job haben, fast egal zu welchen Bedingungen. Dank Luther & Co. wurde die Arbeit zur Religion. Wer eine hat, muss seinem Arbeitgeber dankbar sein wie früher ein Bauer dem lieben Gott, wenn er durch dessen Gnade eine gute Ernte einholte. Auf diesem Boden wuchs der Überstundenwahn der letzten Jahrzehnte. »Ich hab mal wieder das ganze Wochenende durchgearbeitet!« wurde so zum absurden Mittelding aus Muss und Heldentat.

Unser täglich Stress gib uns heute

Aus Gründen der Bequemlichkeit verzichten Faultiere von Haus aus auf Heldentaten aller Art. So kommen sie zwar niemals auch nur in die Nähe von Glanz, Ruhm und VIP-Status – aber auch nie in die von Magengeschwür und Herzinfarkt. In der Regel erfreuen sie sich bester Gesundheit. Und zwar nicht weil sie sich so bewusst ernähren und täglich Sport treiben. Sondern weil sie einfach nie im Stress sind. Also muss ihr Immunsystem sich auch nie mit Stresshormonen herumschlagen. Die machen dem Durchschnittsmitarbeiter zunehmend das Leben schwer. Je nach Job, Chef und sonstigen Lebensumständen feuern Cortisol, Adrenalin & Co. jahrzehntelang aus allen Rohren. Anlässe gibt es überreichlich, von der ersten Katastrophe des Arbeitstags bis zum letzten Krach vorm Feierabend. Die Folgen des ständigen Stresshormon-Beschusses sind in ihrer Gesamtheit recht unerfreulich:

- Klassiker unter den Stress-Symptomen sind feuchte Hände und kalte Füße, plötzliche Gewichtszu- oder Abnahme, nächtliches Zähneknirschen sowie Schulter- und Nackenverspannungen.
- Ein dauerhaft hoher Stresshormonspiegel im Blut schwächt die Abwehrkräfte. Also sind Gestresste anfälliger für diverse Krankheiten. Grippe und Durchfall sind da noch die harmlosesten Varianten. Es drohen auch chronische Blasenentzündung, Asthma, Allergien, Migräne, Diabetes.
- Unter Stress steigt der Blutdruck und in der Folge auch das Risiko für Herz-Kreislauf-Erkrankungen, Infarkt und Schlaganfall.
- Dauerstress gilt mittlerweile als der Hauptauslöser für psychische Erkrankungen wie etwa Depressionen und Verhaltensstörungen sowie für psychosomatische Beschwerden.
- Wer ständig im Stress ist, kommt auch nachts nicht zur Ruhe, wälzt sich schlaflos hin und her, steht völlig gerädert wieder auf, ist jeden Tag noch ein bisschen gestresster als am Vorabend, hat schon im Vorfeld Horror vor der nächsten Nacht, wälzt sich schlaflos hin und her, und so weiter und so fort.

- Unter Stress altert der Organismus vorzeitig. Und das gilt nicht nur für den gut verstauten Haufen Innereien, um den sich viele Leute herzlich wenig kümmern, sondern auch für so heikle Fassadenfaktoren wie Haardichte und Faltentiefe.

Das war »Der Stress und dein Körper«. Es folgt Teil zwei: »Der Stress und dein Verhalten«:

- Wer gestresst ist, macht Fehler. Gestresste Mitarbeiter können sich nur noch schlecht konzentrieren.
- Stress führt zu ganz erheblichen Launen und Stimmungsschwankungen, die wiederum andere Leute in erheblichen Stress versetzen.
- Unter Stress funktioniert das Gedächtnis ungefähr so gut wie eine defekte Speicherplatte. Langfristig leidet die Leistungsfähigkeit des Gehirns.

Bleibt noch hinzuzufügen, dass endlose Überstunden dem Körper die Entspannungsphasen rauben, die er eigentlich bräuchte, um mit dem ganzen Stress halbwegs klarzukommen. Und entgegen anderslautenden Überzeugungen machen Wachmacher und Beruhigungspillen die Sache auch nicht besser. So gesehen ist der Trend zum 12-Stunden-Arbeitstag ein Krankmacher vom Feinsten. Und die Faultierstrategie nichts anderes als ein rettender Notausgang für die Gesundheit.

Stress steigert nicht die Leistungsfähigkeit, sondern allein die Fehlerquote sowie krankheitsbedingte Fehlzeiten

Wobei Stress ja nun wirklich kein Schicksal ist wie eine von diesen seltenen tragischen Erbkrankheiten. Wer will, kann sich dem ganzen Schreckensszenario von Schlaflosigkeit bis Lebensverkürzung eigentlich ganz leicht entziehen – indem er einfach kürzer tritt. In diesem Bestreben sollte er im Job, wo traditionell der größte Stress anfällt, von seinen Arbeitgebern sogar tatkräftig unterstützt werden. Stress steigert nämlich nicht die Leistungsfähigkeit der Mitarbeiter, sondern einzig und allein ihre Fehlerquote und ihre krankheitsbedingten Fehlzeiten.

Doch diese Erkenntnis hat sich unter Führungskräften noch nicht herumgesprochen. So konnte sich der Stress ungehindert zur Volkskrankheit Nummer eins auswachsen. Und damit zu einem riesigen volkswirtschaftlichen Problem: Schätzungen der Weltgesundheitsorganisation WHO zufolge beläuft sich der Schaden durch Stresskrankheiten allein in Deutschland auf mehrere Milliarden Euro pro Jahr. Erst vor kurzem hat der Bundesverband der Psychologen darauf hingewiesen, dass psychische Probleme und Verhaltensstörungen unter den »arbeitsbedingten Erkrankungen« einen immer größeren Anteil ausmachen. Die Ursache sehen die Seelen-Experten im Stress durch gestiegenen Zeitdruck, im Stress durch wachsende Arbeitsanforderungen, im Stress durch ungesicherte Arbeitsverhältnisse. Und natürlich im Stress durch fehlende Wertschätzung von Seiten der Vorgesetzten.

Wer sich dauerhaft mit diesen Druckmachern herumschlagen muss, dem bleibt immerhin der entschlossene Sprung in den vorgezogenen Ruhestand: Da immer mehr Ärzte seelische Probleme als arbeitsbedingte Erkrankung ansehen, sind psychische Krankheiten inzwischen der Hauptgrund für die Frühverrentung.

Powern bis zum Umfallen

Ohne Arbeit kein Geld. Und da die meisten Leute weder Millionenerben noch Lottogewinner sind, aber trotzdem etwas größere Wünsche haben als nur den nach einer Tonne in der Sonne, kommen sie um ein geregeltes Tagwerk kaum herum. Außerdem kann das ja auch etwas Gutes an sich haben. Schließlich hat die Glücksforschung an den Tag gebracht, dass Arbeit durchaus erfüllend sein kann. Jedenfalls wenn sie den eigenen Fähigkeiten und Interessen entspricht. Doch gewisse Phänomene der zeitgenössischen Arbeitswelt lassen sich mit finanziellen Sachzwängen nicht erklären, und erst recht nicht durch Freude an der Arbeit:

Da ist zunächst die **Arbeitssucht** (»Workaholism«). Arbeitssüchtige definieren sich einzig und allein über ihre Leistung, als ob nur die ihnen überhaupt ein Existenzrecht verleihe. »Ich arbeite, also bin ich« – diese Überzeugung hat eine ausgesprochen ungesunde Mischung aus Perfektionismus und Fehlerangst zur Folge. Damit stressen Workaholics sich selbst und andere bis zum Umfallen. Ihr Privatleben ist in der Regel nur noch in Spurenelementen vorhanden, weil sie allein für die Arbeit leben. Nach Jahren der schonungslosen Plackerei fallen Arbeitssüchtige nicht selten in ein ziemlich tiefes Loch, wenn sie feststellen müssen, dass im Zweifelsfalle selbst »Stützen des Betriebs« wie sie in null Komma nichts durch jüngere Workaholics ersetzt werden.

Oder aber sie versinken im **Burn-out**. Der ist die logische Konsequenz jeder hemmungslosen Fleißarbeit. Ob nun arbeitssüchtig oder einfach mit Leib und Seele engagiert – wer im Dauerstress all seine Energie verfeuert, ist irgendwann ausgebrannt. Symptome: unüberwindbare Erschöpfung, totaler Motivationsverlust, null Produktivität, übersteigerte Reizbarkeit, Depressivität, Verlust jeglicher Lebenslust. Früher galt der Burn-out als klassische Manager-Krankheit. Heute weiß man jedoch, dass das Burn-out-Risiko umso größer ist, je niedriger eine Stelle in der Hierarchie angesiedelt ist.

Das Ende der Fahnenstange ist dann mit ***Karoshi*** und **Selbstmord im Job** erreicht. *Karoshi* ist ein japanischer Begriff, der auf Deutsch »Tod durch Überarbeitung« bedeutet. Das passiert in Japan so oft, dass inzwischen sogar die Regierung mitzählt. Ergebnis für 2007: 142 offiziell anerkannte Todesfälle und 268 schwere psychische Erkrankungen. Experten gehen von einer Dunkelziffer im Zehntausender-Bereich aus. Wenn der Stress am Arbeitsplatz zu groß wird, kommt es auch immer häufiger vor, dass Mitarbeiter die rettende innere Distanz verlieren und sich gleich ganz aus dem Dasein verabschieden, anstatt nur aus dem Job. In Frankreich schätzt man, dass jeden Tag ein Selbstmord durch die Umstände am Arbeitsplatz verursacht wird. Zu dieser Schätzung kam es nach dem Freitod von gleich drei Managern der französischen Renault-Zentrale. Sie fühlten sich von der Konzernspitze offenbar so unter Erfolgsdruck gesetzt, dass sie sich kurz nacheinander das Leben nahmen.

Ein echtes Faultier kann da nur fassungslos den Kopf schütteln.

»Lunch is for Losers« und andere Zivilisationskrankheiten

In den Medien haben Meldungen rund um den Stress mittlerweile einen Stammplatz. Kaum ein Tag vergeht, ohne dass ein renommierter Psychologe, Mediziner oder Philosoph der Menschheit die negativen Folgen der allseitigen Überlastung und die positiven Folgen eines entschleunigten Lebenswandels vor Augen führt. Da sollte man doch meinen, dass bald mal flächendeckend der Groschen fällt. Doch stattdessen ist eher das Gegenteil der Fall. »Feierabend« ist Geschichte, seit Laptops, Handys und Blackberrys dafür sorgen, dass der Arbeitstag nach Büroschluss überall schnurlos fortgeführt werden kann. Mittagspausen werden gestrichen und durch Kaffee, Kippen, Energiedrinks und Kopfschmerztabletten ersetzt. Engagierte und/oder um ihren Job besorgte Mitarbeiter schleppen sich trotz Krankheit ins Büro und verzichten großmütig auf Urlaubstage. Es herrscht der Kult der Überstunde, mit Nachtschichten, Wochenendarbeit und arbeitsbedingten Augenringen als Schmuck und Nachweis für vorbildliches Engagement.

Gesund ist dieser grenzenlose Einsatz nicht, glücklich macht er erst recht nicht. Da stellt sich die Frage, wieso er so weit verbreitet ist. Einfachste Antwort: Der Durchschnittsangestellte hat gar keine andere Wahl. Im Zeitalter grenzenloser Kommunikation und global verfügbarer Arbeitskräfte muss er pausenlos beweisen, dass seine Arbeitsleistung nicht anderswo billiger einzukaufen gewesen wäre. Die Unternehmer brechen den steigenden Druck von Kunden, Aktionären und Finanzmärkten ungerührt herunter auf jeden einzelnen Mitarbeiter. Die Folge: Der moderne Vorgesetzte betrachtet das Gehalt als Flatrate, für die er rund um die Uhr auf seine Angestellten zugreifen darf.[3]

Und die Angestellten, die fügen sich ins Unvermeidliche. Schließlich ist Fleiß in Deutschland eine hochgelobte Tugend, quasi ein gesellschaftliches Muss. Umgekehrt ist Faulheit eines der letzten wirklich tiefsitzenden Tabus, und *dolce far niente*, das süße Nichtstun, daher mindestens so skandalös wie Doping oder Drogenhandel. Fulltime-Jobs sind eine Frage der Ehre, wer nicht voll arbeitet, wird nicht für voll genommen, Männer auf Teilzeitstellen sind Weicheier, und Arbeitslose rangieren im öffentlichen Ansehen irgendwo zwischen tragischer Figur und Sozialschmarotzer.

In diesem Umfeld ist die Angst vor Jobverlust und Altersarmut zum besten Antreiber geworden, den so ein Flatrate-begeisterter Vorgesetzter sich nur wünschen kann. Denn die Angst führt dazu, dass seine Untergebenen die beste Methode zur Sicherung des eigenen Arbeitsplatzes in der konsequenten Selbstausbeutung sehen. Dabei geben die ständigen Schlagzeilen über Massenentlassungen durchaus Anlass zu der Vermutung, dass selbst energisches Beineausreißen heutzutage kaum noch jemanden davor schützt, kurzerhand mit einem feuchten Händedruck vor die Tür gesetzt zu werden. Und wenn nicht – dann ist unter so nervenaufreibenden Umständen zwar vielleicht die Rente sicher, aber nicht unbedingt ihr Erreichen. Es gibt schließlich keinerlei Garantie dafür, dass das Konzept: »Jetzt voll knechten, damit später die Rente stimmt« auch wirklich durch den Erlebensfall gekrönt wird.

Stress Hausmacherart: Mein Job, mein Haus, mein Traumurlaub

Es liegt nahe, die gesamte Schuld für den Stress irgendwelchen Heuschrecken, Raubtierkapitalisten oder furchterregenden Vorgesetzten in die Schuhe zu schieben. Wenn die nicht so dermaßen gnadenlos mit Peitsche und Daumenschrauben hantierten, würde doch jeder normale Mensch im Job sofort zwei Gänge runterschalten, die Hektik durch Gelassenheit ersetzen und sich spätestens Freitagmittag beschwingt ins garantiert arbeitsfreie Wochenende verabschieden.

Oder auch nicht. Denn die Erklärung »Stress machen immer nur die anderen« ist zwar beliebt und entsprechend weit verbreitet. Sie lässt jedoch außer Acht, dass sich nicht wenige Beschäftigte freiwillig schier unüberschaubare Arbeitsmengen aufladen. Auch diese Leute klagen über den Druck, unter dem sie stehen – und übersehen dabei, dass der Druck zumindest zum Teil hausgemacht ist. Hinter manch übermenschlicher Anstrengung stecken nämlich Ursachen und Motive, die weder mit ausbeuterisch veranlagten Vorgesetzten zu tun haben noch mit der Lage am Arbeitsmarkt. Es lohnt sich, diese Beweggründe einmal genauer anzuschauen. Denn oft genug sind *sie* es, die dem gesunden Faultiertum im Wege stehen.

In vielen Fällen kommt der Druck nicht vom zu wenig Haben, sondern vom zu viel Ausgeben

Beginnen wir mit der **Lust auf Musthaves**. Niemand wird dazu gezwungen, sich regelmäßige Fernreisen, ein Drittauto und ein Wochenendhaus im Grünen zu leisten. Oder haufenweise Geld für Parmaschinken und Premier Grand Crus, Designermöbel und Markenklamotten, Kaviarkosmetik und kostspielige Hobbys auszugeben. Solche Sonderwünsche sind ohne eine gewisse Anstrengung nun mal nicht zu erfüllen.

Wenn die *Must-haves* nicht nur im Erwerb, sondern auch im Unterhalt teuer zu Buche schlagen, nennt man das den **Fluch der Fixkosten**. Grundsteuer, Ratenzahlungen, Versicherungen, je nach Anspruch auch Gärtner, Koch und Hausmädchen. Fixkosten-Jammern ist weit verbreitet, wobei die Jammerer gerne vergessen, dass sie sich von dieser Plage ruckzuck befreien könnten, indem sie ihre Ansprüche und ihren Besitz etwas reduzierten. In vielen Fällen kommt der Druck nämlich nicht vom zu wenig Haben, sondern vom zu viel Ausgeben.

Dummerweise sind schicke *Must-haves* unverzichtbar im großen **»Und was machen Sie so?«-Spiel**. Das gehört bei Partys und gesetzten Abendessen zum Standardprogramm. Wer hier punkten will – und das wollen fast alle, Ego verpflichtet –, sollte sich nicht nur diskret mit diversen Besitztümern schmücken können. Er sollte vor allem eine eindrucksvolle und lukrative Stellung vorweisen, möglichst mit Dienstwagen und Spesenpauschale. Nur wenige Punkte, aber immerhin einen gewissen Gesprächsstoff bringt eine exotische Tätigkeit, die irgendwie interessant oder zumindest ehrenwert klingt, beispielsweise Entwicklungshelfer oder Sachbuchautor. Klassische Verlierer dieses Gesellschaftsspiels sind hingegen bekennende Faulenzer und Arbeitslose. Sie werden von den – selbstverständlich demonstrativ gestressten – Karriere-Spielern je nach Sachlage entweder belächelt oder bemitleidet, aber seltsamerweise fast nie um ihre viele freie Zeit beneidet.

Der **Drang nach »coolen Jobs«** ist eine typische Nebenwirkung des »Und was machen Sie so?«-Spiels, die vor allem unter jungen Leuten zu beobachten ist. Die Betroffenen fragen nicht lange nach Arbeitszeit und Bezahlung. Hauptsache, es geht um einen Job bei angesagten Arbeitgebern, von Werbeagenturen und Filmproduktionen bis hin zu Luxusmarken und Software-Legenden. Und die angesagten Arbeitgeber, die haben nichts anderes mehr zu tun, als ihr Image zu pflegen, die Firma zum Familienersatz auszurufen und die Firmenjobs zum Abenteuer zu verklären. Um die *happy few*, die es unter Hunderten von Bewerbern geschafft haben und entsprechend motiviert sind, sodann mehr oder weniger rund um die Uhr auszusaugen.

Das Turbo-Syndrom. »Immer mit der Ruhe« ist out. Sobald etwas nicht mit Vollgas passiert oder erledigt werden kann, erreicht die Anspannung die Unerträglichkeitsgrenze. Und das nicht nur im Job, sondern auch im Privatleben: Ausgerechnet da, wo nun wirklich die totale Entspannung herrschen könnte, kriegen immer mehr Leute ihren Freizeitstress nur noch durch businessmäßiges Zeitmanagement in den Griff. Dabei führt der Glaube, Zeitmangel durch Zeitverwaltung beseitigen zu können, allen entgegengesetzten Behauptungen zum Trotz auf Dauer direkt zur **Hurry Sickness.** Die heißt auf Deutsch »Hetzkrankheit« und ist das Ergebnis einer fatalen Mischung aus technischem Fortschritt und Erreichbarkeitswahn. Die Erkrankten sind Leute, die an Handy und W-LAN-Laptop hängen wie der Trinker an der Pulle und zwanghaft versuchen, möglichst viel innerhalb von möglichst wenig Zeit zu erledigen. Um dann in die so gewonnene Zeit noch ein paar mehr Aktivitäten reinstopfen zu können.

Nährboden und Basis für die Hetzkrankheit ist die **Unfähigkeit, einfach mal nichts zu tun**. Von der Entdeckung der Langsamkeit keine Spur. Der alte Luther mit seiner Leier vom Segen der Arbeit war so irrsinnig erfolgreich, dass noch ein halbes Jahrtausend später Teile der arbeitenden Bevölkerung, insbesondere Frauen, sofort ein schlechtes Gewissen kriegen, wenn sie mal kurzfristig keine Pflichten »abhaken« oder nicht wenigstens etwas »Sinnvolles« erledigen dürfen.

Hinter all diesen Zivilisationserscheinungen steckt unterm Strich nicht selten eine sorgsam verborgene **Angst vor der Leere**. Okay, das ist eine sehr persönliche Angelegenheit, die ja auch eigentlich niemanden etwas angeht. Tatsache ist aber, dass eine Menge Leute nur deshalb so bereitwillig Überstunde auf Überstunde häufen, weil sie außerhalb ihrer Büros sowieso nichts oder jedenfalls nichts Erfreuliches erwartet.

Fazit: Nicht hinter jedem gestressten Mitarbeiter steht ständig ein Chef mit der Pistole im Anschlag. Oder mit der Abmahnung in der Hand. Erstaunlich viele Leute stürzen sich durchaus freiwillig jahrzehntelang ins Hamsterrad, ganz so, als ob Glück und Zufriedenheit einzig und allein im Tausch gegen tägliche Opfer auf dem Altar der Firma zu haben seien. So mancher, der es auf die Ochsentour zu einem beruhigenden Kontostand und zu hohem Ansehen im örtlichen Tennisclub gebracht hat, betrachtet seine Arbeit sogar als Königsweg zur Selbstverwirklichung. Und vergisst dabei, dass Turbo-Tätigkeiten tatsächlich Geld, Ruhm und Karten für die VIP-Tribüne bringen können – aber kaum Zeit übriglassen, um die sauer verdienten Statussymbole auch so richtig entspannt zu genießen. Kein Wunder, dass deutsche Promis von Boris Becker bis Reinhold Beckmann, denen es nun wahrhaftig nicht an Kohle und Freizeitangeboten mangelt, ausgerechnet *freie Zeit* für den größten Luxus überhaupt halten. Wie jammerte Modemacher Wolfgang Joop schon vor Jahren so schön im »Spiegel«: »Mein Genuss ist erheblich gestört, nicht durch fehlendes Geld, aber durch fehlende Zeit.«[4]

Kapitel 3

Abhängen statt Durcharbeiten: Der klammheimliche Trend vom Maultier zum Faultier

»O Faulheit, Mutter der Kunst und der edlen Tugenden, sei du der Balsam für die Schmerzen der Menschheit!«

PAUL LAFARGUE, DAS RECHT AUF FAULHEIT

Die Kosten der Karriere

Nach Jahren in der Mühle fängt der eine oder andere Fleißarbeiter an zu rechnen und stellt fest: Die ganze Mühe ist komplett unrentabel. Und zwar in jeder Hinsicht. Arbeit kostet nämlich nicht nur viel Zeit. Sondern – Überraschung! – auch jede Menge Kohle. Bei Licht betrachtet muss vom Gehalt nämlich ein riesiger Batzen höchstpersönlicher Lohnnebenkosten abgezogen werden. Die fallen umso höher aus, je mehr man sich für seinen Laden abstrampelt.

Arbeit kostet nicht nur viel Zeit. Sondern – Überraschung! – auch jede Menge Kohle.

Allein durch unbezahlte Überstunden kommen für Sie in der Regel beträchtliche Kosten zusammen – addieren Sie doch spaßeshalber einfach mal Ihre monatlichen Überstunden, multiplizieren Sie sie mit Ihrem Stundengehalt, und schon wissen Sie, was Sie Ihrem Arbeitgeber Monat für Monat in den Rachen werfen. Und das ist noch längst nicht alles. Hinzu kommen verfallene Urlaubstage und in Arbeit versunkene Ferien, freiwillige Fortbildung durch Fachlektüre nach Feierabend und verschärftes nächtliches Kopfzerbrechen über Firmenbelange.

Über diese großzügigen Geldgeschenke an die Arbeitgeber hinaus werden mit zunehmendem Engagement im Job weitere Ausgaben fällig, die selbst ordentliche Gehälter auf Taschengeldformat zusammenschrumpfen lassen: Kosten für Zugehfrau und Kindermädchen. Kosten für Besänftigungsgeschenke für enttäuschte Kinder und frustrierte Beziehungspartner. Ausrüstungskosten für Anzug und Business-Pumps bis Reinigung und Blackberry. Schließlich Scheidungskosten und Behandlungskosten bei Stresskrankheiten. Zu diesen Aufwendungen kommen weitere hinzu, die ähnlich wie diejenigen für unbezahlte Überstunden dadurch entstehen, dass man seine Lebenszeit mit Beruflichem vergeudet, anstatt zu entspannen. Zum Beispiel Kosten für die ungezählten Stunden, die für den Ärger über Chefs und Kollegen draufgehen. Und nicht zuletzt Kosten für weitere zahllose Stunden, die man über aufkommende Sinnfragen brütet: »Was mach ich eigentlich hier?« – »Bin ich da, wo ich mal hinwollte?« Nicht zu vergessen: »Lohnt sich der ganze Stress überhaupt?«

Eine gute Frage, wirklich. Und mit dem »Karrierekalkulator« des Wirtschaftsmagazins »Capital« auf www.capital.de überraschend schnell zu beantworten. Das Programm stellt gerade mal sechzehn Fragen nach den diversen Zeit- und Geldfressern im und durch den Job, addiert die Positionen und zieht sie vom Gehalt ab. Da die Kosten für die Posten »Ärger« und »innere Konflikte« je nach Schweregrad ziemlich happig ausfallen können, ist ein fünfstelliges Defizit unterm Strich keine Seltenheit. Da soll noch mal einer behaupten, dass Anstrengung grundsätzlich immer eine lohnende Sache ist.

Vom Extremjob zum Jakobsweg

Auch ohne defizitären »Karrieresaldo« dämmert dem einen oder anderen, dass er aus seinem Leben vielleicht doch etwas mehr machen sollte als nur einen gut durchorganisierten Zuchthausaufenthalt mit gelegentlichem Freigang für Theaterbesuche und Turbo-Wellness-Termine. Der Aufenthalt auf Erden ist immerhin befristet und könnte überdies deutlich schneller beendet sein als geplant. Und da es zumindest im Augenblick noch keine Garantie auf Wiedergeburt gibt, ist »Wann, wenn nicht jetzt?« eine ziemlich einleuchtende Antwort auf die Frage nach dem richtigen Zeitpunkt für den Ausstieg aus dem Hamsterrad.

Es muss ja nicht gleich ein Totalausstieg sein wie der des italienischen Jungmanagers, der kurzentschlossen auf Franziskanermönch umsattelte. Doch die Sinnfragen, die Giovanni Maria auf den rechten Weg brachten und ihm Schlagzeilen von »Bild« bis »Spiegel« bescherten, bringen den Mythos »Ohne Fleiß kein Preis« offenbar ganz allmählich ins Bröckeln. Bereits seit längerem machen Ratgeberautoren gute Geschäfte mit dicken Schwarten über die *Work-Life-Balance*. Das ist ein schönes neues Wort für die uralte Erkenntnis, dass Ausgeglichenheit und Erfüllung auf der Kunst beruhen, alle Lebensbereiche im Gleichgewicht zu halten. Es gibt schließlich ein Leben nach dem Job, und dazu gehören Familie und Freunde genauso wie Hobbys und kulturelle Interessen sowie, *last but not least*, der eigene Körper und die Gesundheit. Die ist unter Dauerstress akut gefährdet, und so denken immer mehr gutbezahlte Power-Angestellte ab einem gewissen Alter darüber nach, wie sie wohl auf den letzten Drücker doch noch zu einer ausgeglichenen Bilanz zwischen Arbeit und Leben kommen könnten.

Ein deutliches Indiz für den Trend zur großen Sinnfrage ist der Mega-Erfolg von Hape Kerkelings Selbstfindungstrip auf dem Jakobsweg. »Ich bin dann mal weg« war gefühlte zehn Jahre auf Platz eins der Bestsellerliste festgetackert. Von den über drei Millionen Käufern haben sich zwar längst nicht alle selbst auf die Socken gemacht; Faultiere und Anverwandte lehnen anstrengende Fußmärsche aus Prinzip ab. Trotzdem ist der Weg inzwischen so beliebt, dass in Nordspanien in der Hochsaison Verhältnisse herrschen wie beim New Yorker Marathonlauf.

Es ist ja auch immer noch einfacher, sich ein paar Wochen Wanderurlaub zu gönnen, als gleich ein Hotel in Südfrankreich aufzumachen. Deshalb finden Bücher wie »Mein Jahr in der Provence« und »Hotel Pastis« von Peter Mayle etwas weniger Nachahmer. Aber auch sie sind inzwischen Kult. Und sie spiegeln genau wie »Ich bin dann mal weg« die wachsende Sehnsucht nach einem

Notausgang aus der nervenfressenden Endlos-Plackerei wider. Nach der Rückkehr zu den wirklich wichtigen Dingen des Lebens. Und bitteschön auch nach einer anständigen Portion *dolce vita*. Wohlige Gefühle dieser Art können sich allerdings in einem Zehn-Minuten-Zeitfenster zwischen zwei Meetings eher selten entfalten. Weshalb eine ziemlich simple Erkenntnis allmählich zur Massenbewegung wird: »Slow is beautiful«.

Die neue Gemütlichkeit oder: Von *Slow Food* bis *Slow E-Mail*

Mit »Slow is beautiful« ist in etwa dasselbe gemeint wie mit »Probier's mal mit Gemütlichkeit« von Balu dem Bären. Nur dass das Ganze einen philosophischeren Anspruch hat. Die Anhänger der »Slow«-Bewegung setzen Qualität vor Quantität und sind der Überzeugung, dass »langsamer« auch »besser« heißt – bessere Gesundheit, besseres Familienleben, besseres Essen und besserer Sex. Der Feind der »Slow«-Anhänger ist die Schnelligkeit. »Schnell« ist für sie gleichbedeutend mit »geschäftig«, »erfolgssüchtig«, »aggressiv«, »hastig«, »gestresst«, »oberflächlich«, »ungeduldig«. Keine so richtig angenehmen Eigenschaften; da dürfte der Abschied von »Zeit ist Geld« und ähnlichen Antreibern gar nicht weiter schwerfallen. Zumal man dabei eigentlich nur gewinnen kann. Zwar kein Geld, aber dafür wahre Lebensqualität. »Langsam« steht nämlich für »ruhig«, »achtsam«, »empfänglich«, »still«, »intuitiv«, »gelassen«, »geduldig«, »nachdenklich«.[5] Alles waschechte Faultierqualitäten also, endlich erkannt und angemessen gewürdigt.

Inzwischen sind die Freunde der neuen Gemütlichkeit auf der ganzen Welt anzutreffen. Sie buchen im Fitness-Studio »Superslow«-Kurse anstatt Power-Workouts, lernen Entspannungstechniken von Yoga bis Qi Gong, verlegen sich vom Quickie aufs Tantra. Die Entdecker der Langsamkeit ersetzen Freizeitstress durch meditatives Gärtnern und wünschen sich *Slow Schooling* für ihre Kinder, anstatt sie schon im Vorschulalter unter Karrierestress zu setzen. Über sechzig Orte weltweit, darunter auch das schöne Städtchen Überlingen am Bodensee, haben sich inzwischen sogar zur »Slow City« ausgerufen. Sie fördern den Aufbau einer neuen urbanen Lebensqualität. Inklusive Umwelt- und Lärmschutz, Förderung regionaler Hersteller, Pflege lokaler Traditionen und natürlich vor allem viel Ruhe.

Mit Abstand am bekanntesten jedoch ist »Slow Food«. Die Keimzelle des ganzen »Slow«-Gedankens entstand in den achtziger Jahren in Italien. Inzwischen setzen »Slow Food«-Gruppen in aller Welt – übrigens existieren besonders viele davon in Deutschland – dem Trend zur schnellen Abfütterung die Wiederentdeckung von Genuss und Geschmack entgegen. Eine überaus löbliche Zielsetzung, nicht zuletzt auch für den Arbeitsplatz. Mediterranes Kochen in der Mittagspause anstatt Burger, Döner und Kantinenfraß – das wär' mal eine echte Alternative. Und in Verbindung mit einer anschließenden Siesta ein großer Schritt in Richtung Stressabbau und Entschleunigung.

So viel segensreichen Einfluss hat »Slow Food« leider bisher noch nicht. Aber immerhin finden sich auch in der Arbeitswelt immer mehr »Slow«-Anhänger. Sie sind der Überzeugung, dass eine verringerte Arbeitszeit zu größerer Leistungsfähigkeit führt – und stellen damit ausgerechnet eine Lieblingsüberzeugung der Vorgesetzten in Frage. Die glauben felsenfest, dass »lange arbeiten« grundsätzlich immer auch »viel leisten« bedeutet. Obwohl beim kollektiven Überstunden-Wettrüsten nicht etwa viel Zusatzleistung hinten rauskommt, sondern meist nur Frust und eine bunte Vielfalt gutgetarnter Freizeitaktivitäten. Der Durchschnittsmitarbeiter kann nämlich erstens gar nicht längere Zeit nonstop powern. Und zweitens sehen zumindest gestandene Bürofaultiere insgeheim gar nicht ein, warum sie sich überhaupt schinden sollten, wenn sie wahrscheinlich ohnehin nichts davon haben. Keine Anerkennung, keine Gehaltserhöhung und erst recht keine Arbeitsplatzgarantie.

Unter diesen Umständen fordern die Freunde der Langsamkeit, das absurde Theater rund um die Dauerpräsenz am Schreibtisch zu beenden, um es durch pünktlichen Feierabend, freie Wochenenden und verringerte Wochenarbeitszeiten zu ersetzen. Bis dahin ist es vermutlich noch ein weiter Weg. Doch schon bekennen sich die ersten Beschäftigten dazu, »Slobbies« zu sein: *Slow But Better Working People*. Sie liefern gute Leistungen – obwohl oder gerade weil sie sich auf das Wesentliche konzentrieren. Sie lehnen Überstunden ab, machen regelmäßig Pause und nehmen sich Zeit für andere. Sie ersetzen Hektik durch Bedächtigkeit und leisten so einen ganz persönlichen Beitrag zu einer entstressten Arbeitskultur.

Und noch ein weiterer Schritt in Richtung mehr Ruhe im Job ist inzwischen getan: Dan Russell, Forschungsmanager bei IBM, gründete vor ein paar Jahren die »Slow E-Mail«-Bewegung. Die breitet sich langsam aus, weil immer mehr Beschäftigte erkennen, dass E-Mails von der Kommunikationshilfe zum Konzentrationskiller geworden sind. Und damit zum Stressfaktor Nr. 1 am Arbeitsplatz. Aus diesem Grunde lassen Dan Russell und seine Mitstreiter in aller Welt ihre Mails mit dem Satz enden: »Schließe dich der ›Slow E-Mail‹-Bewegung an! Lies E-Mails nur noch zweimal am Tag! Hol dir deine Lebenszeit zurück und lerne wieder zu träumen!« Klingt sehr vernünftig. Wobei echte Faultiere der Meinung sind, dass *einmal* E-Mails-Checken am Tag bei geschäftlichem Schriftverkehr vollkommen ausreicht.

Weniger ist mehr: *Simplify, Lessness, Downshifting*

»Slow Food« und »Slow E-Mail« sind nur die Spitze des Eisbergs. Der klammheimliche Trend vom Maultier zum Faultier hat noch viele andere Namen. Interessanterweise alles englische, selbst wenn deutsche Theorien dahinterstecken. Denn in englische Slogans verpackt, klingt die neue Gelassenheit moderner und vor allem viel positiver als der behäbige »Müßiggang« oder die spießige »Gemütlichkeit«. Vom verwerflichen Wort »Faulheit«, mit dem manche Leute ein echtes Problem haben, mal ganz zu schweigen.

Also dann. Beginnen wir mit **»Simplify«**: Dahinter steckt nichts anderes als der gute alte Papierkorb, im wörtlichen wie übertragenen Sinn. Arbeits- und Privatleben lassen sich nun mal eine ganze Ecke bequemer gestalten, indem man beides schlicht entrümpelt, Ballast ausfindig macht und konsequent entsorgt. Wie das geht, das erklärt inzwischen ein halbes Dutzend erstaunlich erfolgreicher Ratgeber, von »Simplify your Life« bis »Simplify your Love«.

»Lessness« basiert auf der eigentlich altbekannten Erkenntnis, dass ein steigender Lebensstandard nicht unbedingt zu mehr Lebensqualität führt. Also fragen die »Lessness«-Jünger sich und andere, ob das Erreichte wirklich immer die Mühe wert war – oder ob der ewige Wettstreit ums »Mehr« am Ende nicht einfach nur *mehr Unruhe* ins Dasein bringt. Wer sich hingegen in seinem Leben auf die Befriedigung der wenigen wirklichen Grundbedürfnisse beschränkt, der wird durch tiefe innere Ruhe, Freiheit und bewussten Lebensgenuss belohnt. Denn: Wer weniger hat, muss sich auch um weniger kümmern und sorgen. Von Faultieren ist in diesem Zusammenhang nicht die Rede, wahrscheinlich, weil die nicht so gut zum etwas elitären Touch der Lessness-Gedankenwelt passen. Aber ihr leuchtendes Vorbild ist trotzdem unverkennbar.

Wer weniger hat, muss sich auch um weniger kümmern

»Downshifting«, zu Deutsch »runterschalten«, ist die saloppere Version von »Lessness«. Ganz konkret geht es darum, die Jagd nach Kohle und Karriere einzustellen zugunsten von mehr Lebensqualität. Zeit und Energie verschlingende Powerposten können schließlich, bei Licht betrachtet, recht problemlos aufgekündigt und durch einfachere Jobs ersetzt werden. Die bringen dann zwar weniger Geld, aber auch viel weniger Stress. In Medienberichten und Internetforen verkünden die »Downshifters« – unter ihnen auch eine ehemalige MTV-Managerin, die auf Jugendherbergsmutter runtergeschaltet hat – mit Stolz und Erstaunen, dass sie auch ohne dickes Auto, Markenklamotten und Edelrestaurants ganz prima leben. Weil sie für diesen Verzicht im Gegenzug Zeit für die Dinge bekommen, die ihnen wirklich wichtig sind. Das sollte mal jemand dem gestressten Herrn Joop aus Kapitel 2 weitersagen.

Von »Slow« bis »Simplify«, von »Lessness« bis »Downshifting« – letztlich läuft das alles auf den Klassiker »Weniger ist mehr« hinaus. Der ist für moderne Faultiertheoretiker aus aller Welt topaktuell. Gleichzeitig wollen viele Politiker (nicht selten selbst Anhänger gepflegter *Slow-Business-Lunches*) derzeit ganz andere Saiten aufziehen. Und die Beschäftigten lieber so richtig auf Trab bringen, anstatt ihnen eine langsamere Gangart zu gönnen. Also wird die Wochenarbeitszeit verlängert oder zumindest nicht verkürzt und das Rentenalter nach hinten verschoben. Und das, obwohl längst nicht mehr Arbeit genug für alle da ist und in Zukunft noch weniger Arbeitsplätze zur Verfügung stehen werden. Weil man sie wegrationalisiert oder ausgelagert haben wird. Weil die Automatisierung der Produktionsanlagen voranschreitet. Und weil immer mehr Roboter zum Einsatz kommen, die zwar nicht so knuffig aussehen wie R2-D2 und C-3PO aus »Krieg der Sterne«, aber dafür 240 Quadratmeter Fenster putzen können. Pro Stunde.

Faultier's favorite: Die 4-Stunden-Woche

Die einschlägigen Experten unter den Volkswirtschaftlern streiten aufgrund der komplizierten Sachlage seit Jahren mit Leidenschaft darüber, ob nun 48, 35 oder vielleicht sogar nur 25 Stunden Wochenarbeitszeit genug sind. Dabei hat der US-amerikanische Unternehmer Timothy Ferriss längst eine wirklich prickelnde Antwort auf diese Frage gefunden. Er war früher selber mal Workaholic mit 80-Stunden-Wochen. Durch einen ordentlichen Burn-out geläutert, ist er zu der Überzeugung gelangt, dass keine Belohnung der

Welt es wert ist, seine besten Lebensjahre in der Stressmaschine zu verfeuern. Vier Stunden Arbeit in der Woche sind genug, sagt er deshalb, und verspricht in seinem Bestseller »Die 4-Stunden-Woche«[6] mehr Zeit, mehr Geld und mehr Leben. Da jedoch viele Leute bereits beim Gedanken an den Ausstieg aus dem Hamsterrad nervös werden, ergänzt der Autor seine Anleitung zum Aufbruch in ein neues Leben durch wertvolle Tipps zur Angstbewältigung. Wer es trotzdem nicht schafft, sich von den Antreiber-Sorgen rund um Karriereverlauf, Rentenansprüche und Kontostand zu verabschieden, der kann von Ferriss immer noch viel lernen: »Sie können die gleichen Prinzipien nutzen, um Ihr Einkommen um hundert Prozent zu steigern, Ihre Arbeitszeit zu halbieren oder zumindest Ihre bisherige Urlaubszeit zu verdoppeln. Garantiert!«[7]

Kein Wunder, dass sich das Buch weltweit bisher über eine Million Mal verkauft hat. Zählt man die Verkaufszahlen aller anderen »Weniger ist mehr«-Werke hinzu und packt die schier unüberschaubare Menge an Medienberichten über Faultiertheorien aller Art von »Slow« bis »Simplify« noch obendrauf, dann lässt das gewaltige Endergebnis nur einen Schluss zu: Die Menschheit träumt mehr denn je vom Müßiggang. Da kann der Fleiß noch so inbrünstig zur Tugend verklärt und die Trägheit zur Todsünde verdammt werden – hinter der Fassade unermüdlicher Pflichterfüllung versteckt sich eine tiefe Sehnsucht nach dem Feierabend. Je früher, desto besser.

Von führenden Schlaflabors empfohlen: Siesta, *Power-Napping* & Co.

Die Sehnsucht nach dem frühen Feierabend ist allen schönen Theorien zum Trotz in der real existierenden Arbeitswelt derzeit eher schwer zu befriedigen. Dem angestellten Tagträumer bleibt jedoch ein Lichtblick: die Schlafforschung und ihre Ergebnisse. Schlafforscher sind sympathische Leute. Zum einen, weil sie sich mit einem faszinierenden Phänomen beschäftigen. Und zum anderen, weil sie so wunderbar klare Ansichten haben: »Schlafmangel macht alt, dumm, krank und dick.«[8] Na bitte, das haben die Faultiere doch schon immer gewusst. Während sie sich gemütlich in Morpheus' Arme kuscheln, untersuchen die Wissenschaftler unsere unausgeschlafene Gesellschaft. Ihre Erkenntnisse müssten eigentlich recht bald zur Abschaffung von Früh- und Nachtschichten führen, zu Schlaf-Kuren auf Krankenschein und zum arbeitsvertraglich gesicherten Recht auf einen gepflegten Mittagsschlaf.

Die meisten Schlafforscher sind mittlerweile der Meinung, dass der Mensch täglich ca. neun Stunden Schlaf braucht. Und nicht nur kümmerliche sechs zwischen Mitternacht und Morgengrauen. Apropos Grauen: Kurz vor halb sieben klingelt bei den meisten Deutschen der Wecker. Kein wirklich guter Start in den Tag, außer vielleicht für chronische Frühaufsteher. Die sogenannten »Lerchen« sind an der penetrant guten Laune erkennbar, die sie am Frühstückstisch verbreiten. Die abendaktiven »Eulen« hingegen mussten sich bisher hilflos ihre Morgenmuffeligkeit vorwerfen lassen. Doch zur Scham besteht kein Grund mehr, seit die wirklich *ausnehmend* sympathischen Schlafforscher festgestellt haben, dass sich die meisten Menschen vor acht Uhr sowieso nicht richtig konzentrieren können. Und dass Stress oder Nicht-Stress auch eine Frage des Aufstehzeitpunkts ist. Weckerklingeln vor 7:20 Uhr ist offenbar ganz schlecht, biorhythmisch gesehen. Und überhaupt: »Frühaufsteher leiden häufiger unter Immunschwäche, Muskelverspannung, Depressionen.«[9] Da bleiben wir doch sicherheitshalber grundsätzlich ein bisschen länger im Bett.

Mittags ist ein Zusatzschläfchen eigentlich ein Muss, aus gesundheitlichen Gründen, versteht sich. Tests in Höhlen und Bunkern haben bewiesen, dass der Mensch – wenn er ganz ohne Uhren, Chefs und ähnliche Antreiber einfach seinem inneren Rhythmus folgen kann – nicht nur einmal am Tag schläft, sondern zweimal. Neben der Nachtruhe ist offenbar auch der Mittagsschlaf ein natürliches Bedürfnis.

Mit segensreichen Folgen, die jeden Krankenkassenmanager zum Siesta-Lobbyisten machen müssten: Bereits eine halbe Stunde Mittagsschlaf senkt das Infarktrisiko von Herzkranken um 37 Prozent. Außerdem verbessert ein Mittagsschlaf die Konzentrationsfähigkeit und Reaktionsschnelligkeit am Nachmittag. Eigentlich ein prima Grund für die Einführung der klassischen mediterranen Mittagsruhe von eins bis vier. Aber weil die Schlafforscher vermutlich gleich geahnt haben, dass sie so viel Pause für die Menschheit nie durchkriegen werden, haben sie uns die Theorie vom *Power-Napping* beschert: fünfzehn bis dreißig Minuten Ruhe und Entspannung als Garant für nachmittägliche Spitzenleistungen.

Hinter der Fassade unermüdlicher Pflichterfüllung versteckt sich eine tiefe Sehnsucht nach dem Feierabend. Je früher, desto besser!

Allerdings sieht es mit der Umsetzung der Erkenntnisse der Schlafforschung ähnlich schlecht aus wie mit der Abkehr vom absurden Überstunden-Wettrüsten. Dass der Mensch in der Mittagszeit einen Durchhänger hat, ist inzwischen eine Stammtischweisheit. Wo man hinhört oder hinschaut, erklären einem die Medien den tieferen Sinn des Mittagsschlafs. Führungskräfte preisen einander die Segnungen des *Power-Napping*. Und auf Sitzungen, die im Anschluss an opulente Mittagessen stattfinden, folgt so mancher Vorgesetzte willig den Forderungen der Schlafforschung – um nach erfolgter Sessel-Ruhe dynamisch vor sein Fußvolk zu treten und pausenlosen Arbeitseinsatz zu demonstrieren. Fleißige Mitarbeiter der unteren Hierarchie-Ebenen hingegen müssen am frühen Nachmittag versuchen, das drohende Kantinenkoma durch Zuführung von Koffein abzuwenden. Zumindest im Augenblick kommt die Schlafforschung gegen den Ehrenkodex der Unermüdlichkeit am Arbeitsplatz eben noch nicht an.

Es gibt allerdings den einen oder anderen wagemutigen Vorstoß. Einige Unternehmen haben eingesehen, dass Ruhezonen für gestresste Angestellte die Arbeitsmoral nicht etwa untergraben, sondern steigern. Als Speerspitze der innerbetrieblichen Mittagsruhe dürfen Presseberichten zufolge Vaillant, SAP und der ADAC gelten, die ihrem Personal ausgewählte Entspannungsmöglichkeiten bieten. Und mit besonders gutem Beispiel ging die Stadtverwaltung Vechta voran. Sie verschrieb ihren Beschäftigten zusätzlich zur offiziellen dreißigminütigen Mittagspause eine zwanzigminütige Ruhepause, die ausschließlich für Entspannungs- und Bewegungsübungen sowie für Nickerchen da ist. Nun könnte man zwar einwenden, dass ausgerechnet Beamte nun wirklich kein Recht auf geförderten Büroschlaf benötigen. Doch die Ergebnisse dieser außergewöhnlichen Dienstverordnung sind so erstaunlich, dass sie möglicherweise anderen Beschäftigten den Weg zum *Power-Napping* ebnen: In keiner vergleichbaren Kommune ist die Arbeitsproduktivität höher, nirgendwo werden die Aufgaben von so wenig Personal erledigt. Und der Krankenstand liegt deutlich unter dem Durchschnitt.[10]

Kapitel 4

Zwischen Schauspielkunst und Überlebensstrategie: Faultiere im Job

»Der äußere Schein ist wichtiger als die Qualität der geleisteten Arbeit; der gute Ruf und die Anrechnung eines Erfolgs zählen mehr als echte Leistung.«

Corinne Maier, Die Entdeckung der Faulheit[11]

Lob der Faulheit oder doch lieber Lob der Disziplin?

Fassen wir die letzten beiden Kapitel doch mal kurz zusammen. Also: Einerseits sind Fleiß, Disziplin und Unermüdlichkeit allesamt Kardinaltugenden, die die meisten Deutschen sozusagen schon mit der Muttermilch aufgesogen haben. Weshalb sie sich später am Arbeitsplatz zum Dauereinsatz drängen lassen und sich nicht selten auch selbst ganz ordentlich unter Druck setzen. Andererseits gibt es den Traum vom süßen Nichtstun, der Anschauungen wie »Slow Life« zu wachsender Beliebtheit verhilft.

Fleiß, Disziplin und Unermüdlichkeit sind Kardinaltugenden, die die meisten Deutschen schon mit der Muttermilch aufgesogen haben

Und es gibt diverse Forschungsergebnisse, die die Vorzüge des Müßiggangs obendrein auch noch wissenschaftlich untermauern. Da sollte man meinen, dass sich das eine irgendwann ganz harmonisch ins andere fügt. Dass Vorgesetzte und Mitarbeiter sich friedlich auf den Abschied von Leistungsterror und Überstundenwahn einigen, um Gesundheit und Zufriedenheit jedes Einzelnen, auch des Chefs, zu fördern. Schließlich würden so Motivation und Produktivität aller Beschäftigten ganz erheblich gesteigert.

Aber ein so logisches Denkmodell ist natürlich zu schön, um wahr zu werden. Schlaraffenland ist schließlich schon seit längerem abgebrannt. Und überhaupt, *dolce far niente* kommt schon aus Prinzip nicht in die Tüte: »Es gibt kein Recht auf Faulheit in unserer Gesellschaft!«, verkündete jedenfalls Altkanzler Schröder 2001 von der Kanzel der »Bild«-Zeitung. Aha. Offensichtlich handelt es sich beim Thema Müßiggang um einen typischen Fall von Unvereinbarkeit von Theorie und Praxis. Das würde jedenfalls erklären, warum Schriften mit Titeln wie »Vom Glück der Faulheit«, »Sei faul und guter Dinge«, »Anleitung zum Faulsein«, »Don't hurry, be happy« und »Die Kunst, weniger zu arbeiten« zwar vielversprechend klingen – dann aber nur mit mageren Behelfslösungen wie »Minutenfaulheit«[12] daherkommen. Und im Gegensatz zu diesem Buch allesamt ziemlich vage bleiben, wenn es um die konkrete Anwendung ihrer Theorien im Alltagsleben geht. Ohne konkrete Tipps für die tägliche Umsetzung sind die ganzen schönen Mußephilosophien jedoch nur Schall und Rauch. Denn irgendwie will selbst das genügsamste Faultierleben finanziert sein.

Warum der Fleißige der Dumme ist

Während die Meinungsmacher mit einem feierlichen Eiertanz zwischen dem Lob der Faulheit und dem Lob der Disziplin beschäftigt sind, arrangieren sich immer mehr Beschäftigte mit der herrschenden Doppelmoral rund um Tun und Lassen. Die Tendenz geht in Richtung »Tun als ob«. Der Anschein von Tüchtigkeit ist erforderlich, um das Wohlwollen des Chefs und damit den Arbeitsplatz zu erhalten. Doch hinter demonstrativem Engagement steckt längst nicht mehr immer vorbehaltlose Leistungsbereitschaft. Wieso auch? In jedem besseren Karriereratgeber wird heutzutage ausführlich erklärt, dass beruflicher Erfolg mit Leistung so gut wie gar nichts zu tun hat. Wer sich trotzdem brav abstrampelt in der Hoffnung auf Lob, Ruhm und Beförderung, der bekommt als kleines Dankeschön besonders schwierige Aufgaben zugeteilt und darf seine guten Ideen selbst umsetzen, zusätzlich zum normalen Job.

Als Dreingabe ernten Fleißarbeiter ein mitleidiges Lächeln von den Experten: »Selbst wenn noch immer einige denken, dass es für den beruflichen Aufstieg auf Inhalte oder gar Leistung ankomme, dann verabschieden zumindest Sie sich von dieser naiven Vorstellung.«[13] Naiv nicht zuletzt, weil die Hoffnung auf eine objektive Bewertung von Leistung ungefähr so realistisch ist wie der Glaube an Zahnfee und Weihnachtsmann. Schließlich wurde in Studien dutzendfach nachgewiesen, dass ein und dieselbe Arbeit völlig unterschiedlich beurteilt wird – abhängig davon, ob der Beurteiler eine gute oder eine weniger gute Meinung von demjenigen hat, der die Arbeit geleistet hat.

Im Job läuft das auf die simple Logik »Leistung ist das, was der Chef für Leistung hält« hinaus. Wenn er Sie unterschätzt, nicht leiden kann, für einen lästigen Konkurrenten hält oder schlicht und ergreifend fachlich zu wenig Ahnung hat, um Ihre Arbeit zu beurteilen, können Sie sich abrackern, bis Sie schwarz werden. Sie werden nie irgendetwas erreichen außer rekordverdächtigen Frustwerten. Während erkennbar weniger einsatzbereite Kollegen mit Wohlwollen überschüttet werden, bloß weil sie kompetent den Bundesliga-Tabellenstand analysieren können oder dem Chef immer so leckeren Latte mitbringen. Fazit: Der Fleißige ist der Dumme. Einige unter »den Dummen« sind dann aber doch nicht dumm genug, um ihr ganzes Berufsleben lang aufs falsche Pferd zu setzen. Eines Tages ziehen sie die Konsequenzen. Durch die Lektüre von Karriereratgebern oder schlicht durch gute Beobachtungsgabe geläutert, *mimen* sie ihren Vorgesetzten gegenüber einfach nur noch den perfekten Mitarbeiter: Mimikry am Arbeitsplatz.

Schauspieler für Festanstellung gesucht

Wenn Kompetenz und Leistung Nebensache sind, stellt sich die Frage, worauf es denn *dann* ankommt in der heutigen Arbeitswelt. Die nüchterne Antwort: in erster Linie auf solides schauspielerisches Talent. Was zählt, sind Ausstrahlung, Netzwerke und die Fähigkeit, Leidenschaft vorzutäuschen. Schauspieler sind die Job-Inhaber von heute und werden erst recht die von morgen sein.[14]

In Stellenanzeigen werden »anpassungsfähige« und »flexible« Mitarbeiter gesucht. Eine freundliche Umschreibung für: »Mach immer brav auf schön Wetter und komm bloß nicht auf die Idee, hier das Rad neu zu erfinden.« Folgerichtig geht das Theater schon in den Bewerbungsgesprächen los. Da kommt es regelmäßig zum Treffen zwischen Pinocchio und Münchhausen: Der Vorgesetzte und sein potentieller Mitarbeiter überbieten sich gegenseitig in der Kunst des schönen Scheins. Sie preisen einander ihre Tugenden an, bis sich die Balken biegen. Mit der Wirklichkeit hat dieses Eigenlob herzlich wenig zu tun. Dafür umso mehr mit den Verhaltenstipps der schlauen Handbücher, die alle Beteiligten vor Bewerbungsgesprächen routinemäßig konsultieren.

Der große Bluff im Kampf um einen möglichst guten Eindruck ist eine allgemein anerkannte Spielregel. Wer gegen sie verstößt, durch klare Ansichten oder nur durch nicht konsensfähige Oberbekleidung, hat von Haus aus schlechte Karten. Kein Wunder, dass die Bewerber das Rollenspiel nach erfolgter Anstellung nahtlos fortsetzen; im Gegensatz zu ihrem neuen Chef müssen sie schließlich die Probezeit überstehen. Und spätestens danach ist dem Durchschnittsmitarbeiter die Schauspielerei in Fleisch und Blut übergegangen. In der Regel nicht etwa aus Opportunismus, sondern aus Notwehr. Denn das Prinzip »Täuschen & Tarnen« ist die wichtigste Überlebensstrategie in einer Welt, die selbst willige Mitarbeiter mit ihren widersprüchlichen Forderungen zur Verzweiflung bringt: Sei kreativ – aber behalt' um Himmels willen die Dienstvorschriften im Auge! Sei ein fairer Teamplayer, aber vergiss nie, dass am Ende nur die Besten durchkommen! Sei kooperativ, aber setz dich gefälligst durch!! Solch unvereinbare Herausforderungen sind nur mit Galgenhumor und guter Schauspielerei zu meistern. Selbst im Umgang mit den kleineren Absurditäten aus der Chefetage ist ein solides Pokerface vonnöten. Die Befehlshaber kleben hartnäckig an Überzeugungen wie »Wer immer einen aufgeräumten Schreibtisch hat und pünktlich geht, der *kann* seinen Job unmöglich richtig machen!« Bitte schön, dann spielen wir ihnen eben vor, was sie sehen wollen.

Zugegeben: Manche Psychologen, die das Spielchen von ferne mitverfolgen, sorgen sich um die seelische Gesundheit der Spieler. Immerhin gilt der ständige Widerspruch zwischen echten und vorgetäuschten Gefühlen als einer der Gründe für den Burn-out. Andererseits ist vorgetäuschtes Engagement unter dem Strich eine ganze Zeit lang immer noch bequemer als echtes Engagement. Mit wenig mehr als dem strategischen Einsatz von ein paar Überstunden können Sie in den Rang eines topengagierten, bienenfleißigen, aufopferungsvollen Mitarbeiters aufsteigen – ein super Image, weitgehend krisensicher und obendrein der Garant dafür, dass Ihnen der Boss keine lästigen Zusatzaufgaben aufs Auge drückt. Sie sind schließlich schon jetzt so überlastet, dass man Ihnen unmöglich weitere Arbeit zumuten kann. Auch wenn Sie Ihre Überstunden insgeheim eher mit Online-Sudoku als mit Aktenbearbeitung verbringen. Schauspielerei im Job als legitime Selbstverteidigung: Wer nicht von vornherein so tut, als ob er überarbeitet sei, aus dem wird sein Chef auch noch das letzte Quäntchen Leistungsfähigkeit herausquetschen.

Klar gibt es Jobs, in denen jede Überstunde ein echtes Muss ist, eine wirklich und wahrhaftig anstrengende Mehrarbeit, ohne die ein Projekt platzen, ein fieser Detektiv Meldung machen, ein Arbeitsvertrag gekündigt oder eine Firma pleitegehen würde. Es gibt auch Jobs wie etwa im medizinischen Bereich, die mit so viel Verantwortung verbunden sind, dass der Job-Inhaber gar nicht anders kann, als sie ernst zu nehmen und sich entsprechend anzustrengen, zur Not auch rund um die Uhr. Aber dass es auf der Arbeit jahrein, jahraus immer und ohne jede Pause knallhart zur Sache geht, ist eher die Ausnahme. Die Regel sind Jobs, in denen sich stressige mit ruhigen Phasen abwechseln. In diesen ruhigen Phasen hätten die Mitarbeiter alles Recht der Welt, sich ganz unbedarft von den Anstrengungen der Stressphasen zu erholen. Eigentlich. Denn Früher-nach-Hause-Gehen ist grundsätzlich schlecht fürs Image, siehe oben.

Vorgetäuschtes Engagement ist unterm Strich eine ganze Zeit lang immer noch bequemer als echtes Engagement

Also bleibt man brav im Büro hocken, auch wenn eigentlich alles erledigt ist. Kollegen und Vorgesetzte spielen dasselbe Spiel. So mutieren am frühen Abend gelegentlich komplette Abteilungen zu Schauspieltruppen.

Einige der dienstverpflichteten Laienschauspieler langweilen sich dabei so sehr, dass es inzwischen mit Bore-out[15] einen Namen und eine wissenschaftliche Erklärung für ihr Leiden gibt. Andere Mitarbeiter machen aus der Not eine Tugend und schaffen sich diskret Möglichkeiten der innerbetrieblichen Entspannung. Ein wahrer Segen sind hier Internet und Mobiltelefone. Ist die private Nutzung nicht ausdrücklich verboten, stehen Ihnen alle Möglichkeiten offen, von Spiel & Spaß bis zum Aufbau eines florierenden Internet-Handels.

Vielleicht faul, aber bestimmt nicht blöd

Die natürlichen Fressfeinde der Faultiere im Dschungel sind Schlangen und Greifvögel. Die Faultiere schützen sich vor ihnen durch weitgehende Reglosigkeit. Die natürlichen Fressfeinde der Faultiere im Büro sind Vorgesetzte. Sie sind durch Reglosigkeit leider selten zu täuschen. Zumal sie ihren Untergebenen gegenüber schon aus Prinzip einen Anfangsverdacht in Richtung sträfliche Faulheit hegen. Die innerbetriebliche Entspannung erfordert daher eine besonders gute Tarnung. Entsprechend geschickt gehen die Bürofaultiere zu Werke. Sie wissen genau, dass die 150 Prozent Einsatz, die ihre Chefs so gerne fordern, sie um ihre Gesundheit brächten – aber dass die null Prozent persönlicher Einsatz, die sie sich erträumen, eine sofortige Kündigung wegen Minderleistung nach sich ziehen würde. Dann lieber in der Grauzone manövrieren. Die liegt etwa bei sechzig bis siebzig Prozent Engagement und spart damit einen ganzen Batzen Energie, gemessen an den Erwartungen von oben.

Dieses Energiesparmodell funktioniert natürlich nicht permanent und auch nicht immer nach derselben Methode. Die Faultierstrategien im Job sind wesentlich komplexer als die in der Natur, wie Sie im praktischen Teil dieses Buches noch erfahren werden. Gefragt ist eine solide Mischkalkulation, der situationsabhängige Einsatz eines ganzen Spektrums verdeckter Arbeitsvermeidungstechniken. Das erfordert analytisches Denkvermögen, Kreativität und hohe Flexibilität. »Faul« bedeutet also in diesem Kontext unterm Strich »mit einem Minimum an Aufwand«. Ganz ohne Anstrengung geht es nicht, aber die lässt sich immerhin sehr präzise und durchaus zum eigenen Nutzen dosieren. Wenn Sie das Überstunden-Schauspiel für die Erledigung privater Angelegenheiten nutzen, sitzen Sie zwar in Ihrer Firma Zeit ab, machen für sich persönlich aber das Beste draus. Wenn Sie eine Faultierstrategie für Fortgeschrittene anwenden und regelmäßig Fortbildungsseminare außer Haus besuchen, machen Sie sich sogar wirklich Arbeit. Eine Arbeit allerdings, von der Sie ganz direkt profitieren (Image! Wissen!) und die sich damit zur Abwechslung mal wirklich lohnt. Im Gegensatz zu der ganzen Plackerei für den Chef. Es besteht sogar die Aussicht, allein durch kreatürliches Nichtstun vorwärtsgespült zu werden: »Nicht wenige, die in einer Organisation der Faultierstrategie folgen, erreichen unauffällig eine erstaunliche Höhe. Zwar gelangen sie äußerst selten wirklich nach oben, aber wenn man Aufwand und Ertrag miteinander vergleicht, schneiden sie im Allgemeinen recht günstig ab.«[16]

Diese Ausführungen dürften eines ganz klar erwiesen haben: Faultiere im Job sind zwar vielleicht »faul« – aber blöd sind sie bestimmt nicht. Denn erstens zeichnen sie sich häufig durch Begabungen aus, die ihnen bei der Umsetzung der diversen Faultierstrategien zugutekommen: Wenn sie wollen oder müssen, arbeiten sie beeindruckend gut. Sie können in null Komma nichts Berichte schreiben, Probleme analysieren und Konzepte entwickeln. Sie sind sehr ordentlich, aus strategischen Gründen und weil sie zu faul zum Suchen sind. Sie lernen schnell aus Fehlern, weil Fehlerbeseitigung immer mit Arbeit verbunden ist. Zweitens haben Bürofaultiere im Gegensatz zu ihren fleißigen Kollegen längst begriffen, dass viel Arbeit garantiert viel Stress bedeutet, aber nur im Ausnahmefall auch viel Belohnung. Und drittens gelingt es ihnen ohne Probleme, diese Erkenntnis jahrelang geschickt zu tarnen und so ihr Auskommen zu sichern.

Müßiggang ist aller Zaster Anfang

Die Vorstände der Dax-Konzerne verdienten 2007 durchschnittlich 23,3 Prozent mehr als im Vorjahr, obwohl sie nicht gerade durch belohnungswürdige Glanzleistungen wie Arbeitsplatzrettung und Mitarbeitermotivation auffielen. Das Arbeitnehmermotto »Guter Lohn für gute Arbeit« hingegen ist seit längerem eingemottet. 2007 stiegen die Löhne im Schnitt um lachhafte 1,4 Prozent. Die Inflation stieg gleichzeitig um 2,3 Prozent. Die realen Nettolöhne der Beschäftigten sanken in den letzten drei Jahren sogar um 3,5 Prozent. Weshalb bei Streiks und Demos immer häufiger Schilder mit Kommentaren wie »Habe Arbeit, brauche Geld« zu sehen sind.

Gemessen am Lohnniveau vieler Mitarbeiter ist der gefühlte Feierabend schon gegen Nachmittag fällig. Stattdessen müssen sie jeden Tag stundenlang nachsitzen. Und das mit wenig Aussicht auf angemessene Entlohnung: Überstunden werden nur in jedem zweiten Unternehmen bezahlt oder durch Freizeit ausgeglichen. Also greifen Bürofaultiere kurzerhand zur Selbsthilfe. Dabei orientieren sie sich an Dilberts Gesetz vom Gehaltsgleichgewicht.[17] Das besagt, dass der tatsächliche Stundenlohn immer konstant bleiben sollte. Versucht ein Arbeitgeber, die Arbeitsbelastung seiner Mitarbeiter zu erhöhen, so werden diese im Gegenzug den Anteil ihrer mit privaten Aktivitäten verbrachten Arbeitszeit so weit hochfahren, dass das Gesamtarbeitsaufkommen für sie gleich bleibt. Sie machen es genauso wie die Verpackungsstrategen vieler Lebensmittelhersteller: Wenn der Preis einer Ware nicht erhöht werden kann, kommt einfach weniger in die Packungen.

Gelegentlich lohnen sich Überstunden sogar, und ein Faultier erhält für seine Dauerpräsenz im Job gutes Geld oder wenigstens leckere Freizeit. Wer nicht zu den Glücklichen gehört, die für ihre Überstunden offiziell entlohnt werden, holt sich eben inoffiziell, was ihm zusteht. Die Zwangsverlängerung der täglichen Arbeitszeit lässt sich für manch lukrative Nebentätigkeit nutzen – oftmals ein wichtiges Zubrot zum mageren »Grundgehalt«.

Gemessen am Lohnniveau vieler Mitarbeiter ist der gefühlte Feierabend schon gegen Nachmittag fällig

Und die Bürotechnik am Arbeitsplatz wird zur privaten Zerstreuung genutzt, als geldwerte Bonusleistung des Arbeitgebers. Zudem können gut gefüllte Überstundenkonten sogar eine frühere Rente bringen: Bei den neuartigen Langzeitarbeitskonten wird Mehrarbeit über die Jahre registriert und das Erreichen des Rentenalters entsprechend vorgezogen. Das Ganze setzt natürlich voraus, dass der Arbeitgeber nicht pleitegeht – dann sind die Überstunden futsch – und dass der Mitarbeiter ihm bis zur Rente treu ergeben bleibt. Aber Faultiere sind ja genügsam und raffen sich kaum je auf, eine einmal als nahrungsreich erkannte Umgebung aus eigenem Antrieb zu verlassen.

Schwach erkennbar, stark verbreitet: Faultiere auf deutschen Fluren

Kleiner Trost für alle, die befürchten, dieses Buch könne fleißige Arbeitnehmer vom rechten Pfad abbringen: keine Angst. Die meisten *sind* schon lange vom rechten Weg abgekommen. Dass »Faultier« ein beliebter Blogger-Name ist, spielt für die Beweisführung nur eine – wenn auch interessante – Nebenrolle. Viel aufschlussreicher sind mal wieder die Ergebnisse diverser Studien. So stellt der »Engagement-Index Deutschland 2007«[18] der renommierten internationalen Unternehmensberatung Gallup fest, dass nur noch lächerliche zwölf Prozent der deutschen Arbeitnehmer eine hohe emotionale Bindung an ihren Betrieb aufweisen. 68 Prozent der befragten Mitarbeiter haben auf Energiesparmodus umgestellt und machen keinen Deut mehr als Dienst nach Vorschrift. Für die restlichen zwanzig Prozent ist selbst das noch zu viel. Auf der nach unten offenen Motivationsskala bewegen sie sich irgendwo zwischen Faultier und firmenfeindlichem Büro-Guerillero. Fazit: Die Faultier-Population ist größer, als man denkt!

Proudfoot Consulting, ebenfalls eine Unternehmensberatung von Rang, untersucht seit Jahren regelmäßig die Produktivität der wichtigsten Industrieländer. Ergebnis der »Produktivitätsstudie 2006« für Deutschland: Jeder Mitarbeiter in deutschen Unternehmen verschwendet 32,5 Arbeitstage pro Jahr. Der Gesamtschaden für die Unternehmen beträgt über 170 Milliarden Euro. Das entspricht etwa 7,8 Prozent des Bruttoinlandsprodukts.[19] Als Hauptursache für die nationale Zeitverschwendung hat die Studie übrigens »mangelnde Mitarbeiterführung durch die Vorgesetzten« ausgemacht. Aber das nur am Rande.

32,5 Arbeitstage im Jahr – das macht pro Tag ein bis zwei Stunden. Da passt es ins Bild, dass die Teilnehmer einer amerikanischen Umfrage zugaben, bis zu zwei Stunden täglich jobfremden Aktivitäten nachzugehen. Darunter in erster Linie gemütliches Beisammensein mit Kollegen (23,7 Prozent) und private Surfvergnügungen (44,7 Prozent). Als Begründung gaben 33,2 Prozent der Befragten an, »nicht genug zu tun« zu haben – was für den Boreout durch unnötigen Überstundenzwang spricht. Und 23,4 Prozent erwiesen sich als treue Anhänger von Dilbert und seinem Gesetz vom Gehaltsgleichgewicht: Sie pflegten den verdeckten Müßiggang, »weil der Job für die ganze Arbeit einfach zu schlecht bezahlt ist«.[20]

So richtig überraschend sind diese Umfrageergebnisse eigentlich nicht. Wie jeder weiß, der mal in einem Bürobetrieb angestellt war, bietet der Durchschnittsjob eine Menge Gelegenheiten für »verdeckte Pausen«: vom Büropflanzengießen über den Schnack unter Kollegen am Kopierer bis hin zur beliebten Online-Recherche. Als der »Spiegel« 2007 eine Umfrage zum Thema »Arbeitsvermeidung online« ins Netz stellte, antworteten 3551 Surfer – vermutlich live aus dem Büro. 38,38 Prozent von ihnen gaben an, sich täglich bis zu einer Stunde privat in den Weiten des World Wide Web zu tummeln, bei 21,49 Prozent waren es bis zu zwei Stunden. Und über ein Viertel der Umfrageteilnehmer (27,20 Prozent) vertrieb sich mehr als zwei Stunden täglich die Arbeitszeit mit privaten Surfausflügen. Repräsentativ ist diese Umfrage natürlich nicht. Doch sie passt perfekt zu den anderen Untersuchungsergebnissen, die immer deutlicher erkennen lassen, wie weit der Trend vom Maultier zum Faultier inzwischen verbreitet ist.

Kapitel 5

Bürofaultiere – eine kleine Artenkunde

»Als Arbeitnehmer brauchen Sie eine Überlebensstrategie. Sie müssen die Fähigkeit entwickeln, produktiv zu erscheinen, ohne tatsächlich Zeit und Energie dafür aufzuwenden.«

Scott Adams, Das Dilbert-Prinzip[21]

Keine Frage, wir haben es beim Faultiertum am Arbeitsplatz mit einem, wenn auch gut getarnten, Massenphänomen zu tun. Wer sich länger damit beschäftigt, kann unter den Faultieren sogar eine überraschende Artenvielfalt ausmachen: Während in der Natur nur zwei Arten vorkommen, nämlich Zweifinger- und Dreifingerfaultiere, lassen sich im Job bis zu fünf Subspezies voneinander unterscheiden.

Faultiertyp 1: Das gemeine Faultier

Obwohl es gar nicht so häufig vorkommt, hat sein schlechtes Image die ganze Gattung dieser an sich friedlichen und freundlichen Tiere in Verruf gebracht. Wer »Faultier« hört, denkt sofort an das gemeine Faultier und schert damit die ganze Familie über einen Kamm – zu Unrecht, wie sich noch zeigen wird. Das gemeine Faultier jedenfalls hockt seit Urzeiten bräsig am Schreibtisch. Es kommt später, geht dafür früher und überzieht jede Mittagspause. Es ist dickfellig, kritikresistent, nutzt gutmütige Kollegen aus und schmückt sich mit fremden Federn. Obendrein kombiniert es demonstrative Faulheit mit nervtötender Nörgelei, ist ungeniert nur auf seinen eigenen Vorteil bedacht und zieht eine Schleimspur hinter sich her, die jeder Schnecke zur Ehre gereichen würde.

Kurz: Das gemeine Faultier ist ein radikaler Drückeberger, der Vorgesetzte und Kollegen mit schöner Regelmäßigkeit in Wallung bringt. Interessanterweise werden jedoch selbst diese außerordentlich gewöhnungsbedürftigen Geschöpfe, die aus Faulheit sogar auf jede Tarnung verzichten, eher selten nach kurzer Zeit aus ihren Jobs gekegelt. Im Gegenteil: Sie halten sich recht hartnäckig in ihren Positionen. Kein Wunder, dass ihre wesentlich verträglicheren Verwandten oft auf eine noch längere Firmenzugehörigkeit zurückblicken können.

Faultiertyp 2: Der Innere Emigrant

Bei dieser wohl größten Subspezies der Bürofaultiere handelt es sich um ursprünglich topmotivierte, überaus fleißige Mitarbeiter, die jedoch nach Jahren der nutzlosen Aufopferung die Innere Kündigung einreichen. Das heißt, sie haben die Nase voll. Ihr ursprüngliches Engagement für den Job wurde im Lauf der Zeit von einer zähen Schicht aus Müdigkeit, Gleichgültigkeit und Frust überwuchert. Frust vor allem über zu viel Arbeit und zu wenig Geld. Über mangelnde Fairness und Entscheidungsfreiheit. Über die täglichen Hindernisse auf dem Weg zur Aufgabenbewältigung. Und natürlich über die hartnäckig ausbleibende Antwort auf die Sinnfrage.

Faultiere schrauben ihren tatsächlichen Einsatz so weit herunter, bis sie das Gefühl haben, dass die Bilanz zwischen Einsatz und Entgelt wieder stimmt

Früher oder später schmeißen solche Mitarbeiter dem Chef seine Akten vor die Füße. Innerlich jedenfalls. Äußerlich verzichten sie aus Sicherheitsgründen darauf, auch offiziell zu kündigen und sich einen neuen Job zu suchen. Also gehen sie weiterhin »fleißig« ihrer Arbeit nach. Ihren tatsächlichen Einsatz schrauben sie aber so weit herunter, bis sie das Gefühl haben, dass die Bilanz zwischen Einsatz und Entgelt wieder stimmt. Dank dieser Methode erhalten sie für einen Bruchteil der Mühen, die sie jahrelang selbstverständlich auf sich genommen haben, immer noch ein volles Gehalt. Dieses sehen sie häufig als Schmerzensgeld an. Ihr Credo lautet »Dienst nach Vorschrift«, ihre Lieblingstaktik »Unterlassen, stehenlassen, liegenlassen«. Sie sind überzeugte Anhänger des *Downshifting* und erledigen daher grundsätzlich alles im zweiten Gang. Anstatt wie früher im fünften – eine Methode, die sich übrigens auch als Erste-Hilfe-Maßnahme bei Symptomen von Arbeitssucht und Burn-out empfiehlt.

In großem Stil gefördert werden die Inneren Emigranten unter den Faultieren ausgerechnet von ganz oben: Nachweislich führen Arbeitgeber, die mit Blick auf den *Shareholder Value* Massenkündigungen durchziehen, ganze Heerscharen von Mitarbeitern erfolgreich in die Innere Kündigung. Nicht nur die eigenen, sondern auch viele Beschäftigte, die von solchen Plänen »nur« durch die Schlagzeilen etwas mitbekommen. Denn die Mitarbeiter werden durch angekündigte Stellenstreichungen nicht etwa zu verzweifelten Anstrengungen für den Joberhalt, sondern direkt in die Resignation getrieben: »Die ganze Mühe bringt doch sowieso nichts, irgendwann schmeißen die mich auch raus.«

Faultiertyp 3: Der Untergrundkämpfer

Die Inneren Emigranten unter den Bürofaultieren wären leistungsstark, wenn man sie nur ließe. Sie schalten eher widerwillig runter, aus Frust und Resignation. Für die Untergrundkämpfer hingegen ist verdecktes *Downshifting* im Job eine bewusst gewählte Strategie im »neuen Klassenkampf«, den einige Leitartikler vor kurzem ausgerufen haben. Die Arbeitgeberseite des neuen Klassenkampfs ist gekennzeichnet durch ein paar äußerst bemerkenswerte Phänomene. Dazu gehören in erster Linie: luftige Versprechungen wie »Lohnverzicht + Mehrarbeit = Arbeitsplatzsicherung«; Konzerne, die Milliardengewinne machen und ihre Mitarbeiter trotzdem massenweise auf die Straße setzen; Manager, die mit millionenschweren Abfindungen verabschiedet werden, nachdem sie millionenschwere Fehlentscheidungen getroffen haben; Konzernvorstände, die ihr Vermögen am Finanzamt und an ihrer gesellschaftlichen Verantwortung vorbei in Steueroasen transferieren. Und natürlich zockende Banker, deren Verluste der Steuerzahler tragen muss.

Auf der anderen Seite stehen immer mehr Beschäftigte, die sich gegen diese neuartige Variante des Zweiklassenstaats zur Wehr setzen. Mit Hilfe von Streiks und Demonstrationen – aber auch durch ganz persönliche Aktionen. Hier ist die gutdosierte Leistungsverweigerung ein Mittel der Wahl. In Arbeitsverträgen kann nämlich vieles verbindlich festgelegt werden, dummerweise jedoch nicht der erforderliche Grad an Sorgfalt, Schnelligkeit, Hilfsbereitschaft, Innovationsfähigkeit, Kooperationsbereitschaft und Problemlösungskompetenz. Die Arbeitgeber können diese – für sie letztlich entscheidende – Extraportion Engagement nicht einklagen. Folglich können sie ihr Fehlen auch schlecht mit Abmahnung und Kündigung bestrafen.

So gesehen ist die Faultierstrategie für die Untergrundkämpfer unter den Mitarbeitern reine Notwehr gegenüber Unternehmen, die am liebsten flächendeckend Arbeitsbedingungen nach LIDL-Standard einführen würden, Videoüberwachung inklusive. Der verdeckte Bummelstreik als Maßnahme der ausgleichenden Gerechtigkeit: Wenn der Chef seine Untergebenen drangsaliert und permanent zu unbezahlten Überstunden drängt, holen sich zumindest die Büro-Guerilleros unter ihnen ihren Einsatz und auch ihre Würde auf ihre Art zurück. So können sie selbst dann noch überleben, wenn das Umfeld ausgesprochen faultierfeindlich ist.

Der Kampf der Büro-Guerilleros dient jedoch nicht nur ihren eigenen Interessen. Ihr Arbeitsboykott ist auch zum Wohle der Gesellschaft. So ersparen sie den Krankenkassen jede Menge Geld, das bei fleißigen Mitarbeitern über kurz oder lang für die Behandlung von Stresskrankheiten fällig würde. Vor allem jedoch sorgen die Untergrundkämpfer unter den Faultieren dafür, dass die Lage am Arbeitsmarkt stabil bleibt. Mit ihrem verdeckten Müßiggang erhalten sie wertvolle Arbeitsplätze und unterstützen so Konsum und Binnenkonjunktur. Liefen alle Bürofaultiere auf einmal zu den Fleißarbeitern über, würde die Pro-Kopf-Produktivität nämlich in ungeahnte Höhen schießen – und die Arbeitgeber könnten reichlich überschüssiges Personal auf die Straße setzen. Mit dramatischen Folgen: Aufgrund stark sinkender Einkommen bräche die Nachfrage zusammen, die Rentenversicherungsträger müssten sich aus finanziellen Gründen auf die Ausgabe von Lebensmittelmarken beschränken, und die Arbeitslosenversicherung stünde vorm Konkurs.

Die Faultierstrategie ist für die Untergrundkämpfer unter den Mitarbeitern reine Notwehr gegenüber Unternehmen, die Arbeitsbedingungen nach LIDL-Standard einführen möchten

Faultiertyp 4: Der ehemalige Extremjobber

Vor kurzem erst entdeckte Subspezies. Genau wie der Untergrundkämpfer wird der ehemalige Extremjobber nicht notgedrungen aus Frust, sondern im Wesentlichen aus Kalkül zum Faultier. Er setzt auf eine mittel- bis langfristige Strategie. Deren erste Phase ist durch bereitwilligen Rund-um-die-Uhr-Einsatz bei weitgehendem Verzicht auf jedes Privatleben gekennzeichnet. In der zweiten Phase wird dann das gepflegte Faultiertum eingeläutet, frei nach dem Motto: Ich hab jahrelang geackert, die Firma hat viel von mir gehabt – jetzt bin ich mal dran. Das Gute an dieser vorausschauenden Planung der Extremjobber: Ihr Image – das eines unermüdlichen Arbeitstiers – wird zur perfekten Fassade, hinter der es sich prima müßiggehen lässt.

Es sind ausgerechnet die gut ausgebildeten »High Potentials« der Generation X, also der Jahrgänge ab 1962, die dieser Subspezies der Bürofaultiere angehören. Sie sind der Forschung als schnell und leistungsbereit, kritisch und anspruchsvoll bekannt. Sie haben ein starkes Ego und zeigen ganz nebenbei auch eine gehobene Prozessierbereitschaft, wenn es darum geht, ihre Ansprüche zu verteidigen. Die lebenslange Aufopferung und Loyalität, die ihre Väter gegenüber ihren Arbeitgebern an den Tag legten, haben die »Xer« längst als wenig lohnende Methode identifiziert und ausrangiert. Mit Arbeitnehmerrisiken von *Outsourcing* bis Burn-out bestens vertraut, geben sie sich keinen Illusionen mehr hin. Leistung und Loyalität gibt's nur, solange sich beides lohnt. Und selbst dann muss irgendwann Schluss sein; man will ja auch noch was haben von seinem Leben. Und das wenn möglich *vor* der Rente; die Theorie von der *Work-Life-Balance* kennen die Xer schließlich auch.

Faultiertyp 5: Der Überlebenskünstler

Für den Überlebenskünstler unter den Faultieren kommt Extremjobben schon aus Prinzip nicht in Frage. Vom politisch motivierten Faultiertum versteht er nicht viel, weil es ihm zu anstrengend ist, die ideologische Debatte zu verfolgen. Und er wurde auch nicht erst durch Frust zum Faultier, er war schon immer eins. Man könnte die Überlebenskünstler auch als Naturtalente bezeichnen: Sie haben bereits Schule und Ausbildung sehr erfolgreich als Saisonarbeiter überstanden und tun überhaupt faultiermäßig am liebsten nichts. Oder jedenfalls nichts Anstrengendes. Ihre Anstellung sehen sie in der Regel ganz sachlich als Brotjob. Der ist nun mal erforderlich, um ihre eigentlichen Interessen und Leidenschaften zu unterhalten, die allesamt außerhalb des Firmengeländes angesiedelt sind.

In ihrer Freizeit können die Überlebenskünstler durchaus erstaunlichen Ehrgeiz an den Tag legen, sei es als unermüdlicher Radwanderer, als Spendensammler für private Hilfskonvois in Erdbebengebiete, als cleverer eBay-Powerseller oder einfach nur als leidenschaftlicher Hobbykoch. Im Berufsleben setzen sie jedoch konsequent auf möglichst anstrengungsfreies Überleben. Im Gegensatz zum gemeinen Faultier achten die Überlebenskünstler allerdings sorgsam auf ihre Tarnung. Eine gewisse Bedächtigkeit können sie nicht verbergen, doch die machen sie wett durch ausgesprochen sonnige Eigenschaften: Sie sind in der Regel überaus freundlich, verträglich, zuvorkommend und gutgelaunt. Außerdem erfüllen sie – aus strategischen Gründen, versteht sich – die Mindesterwartungen ihrer Arbeitsumgebung in Sachen Ordnung und Pünktlichkeit. Auf diese Weise gelingt es ihnen, zu einer Art lebendem Inventar zu werden. Und damit so gut wie unsichtbar.

Am liebsten würden die Überlebenskünstler genau wie ihre vierbeinigen Verwandten im Dschungel einfach im Blätterwald der Firma verschwinden und so bis zum Erreichen des Rentenalters in Vergessenheit geraten. Auch wenn das angesichts der derzeitigen Lage auf dem Arbeitsmarkt ein recht wagemutiges Ziel ist, bringt diese Subspezies der Bürofaultiere doch eine wichtige Grundvoraussetzung mit: Sie erfreut sich eines ausgesprochen ausgeglichenen Gemüts und hat von Natur aus ein solides Selbstbewusstsein. Folglich können sich diese Überlebenskünstler das arbeitsintensive Streben nach Lob vom Chef, siegreichen Konkurrenzkämpfen, Beförderung, Gehaltserhöhung und sonstigen beruflichen Erfolgen ersparen. Instinktiv entscheiden sie sich lieber für »Gesundheit« als für »Karriere«. Im Gegensatz zu den strebsamen unter ihren Kollegen, die am Anfang ihres Berufslebens leichtfertig auf »Karriere« setzen, ohne daran zu denken, dass ihr Körper ihnen vermutlich irgendwann die Rechnung für den jahre- und jahrzehntelangen Stress präsentieren wird.

Vorgesetzte Faulenzer

Ganz egal, welcher Subspezies sie angehören: Sämtliche Faultiere zeichnen sich durch eine herausragende Beobachtungsgabe aus. Sie lernen schnell und unauffällig etliche Tricks von den wahren Großmeistern der Faultierstrategie im Job – den Vorgesetzten. Die kultivieren die hohe Kunst der Arbeitsvermeidung bereits seit Jahrhunderten. Allerdings weniger aus Frust oder verdeckter Rebellion als vielmehr aus karrieristischen Erwägungen. Die Luft da oben, wo sie sich bewegen, ist sehr dünn, ständig drohen Intrigen, Enthüllungen und fähigere Konkurrenten – da kann nun wirklich niemand von einem verlangen, sich im mühsamen Tagesgeschäft aufzureiben. Das kostet viel zu viel Zeit. Zeit, die Chefs benötigen, um sich im Powerplay auf ihrem mühsam erkämpften Posten zu behaupten. Und um, bestenfalls, den nächsthöheren Level zu erreichen.

Für die Verwirklichung dieses Ziels spielt die Arbeitsleistung nur eine untergeordnete Rolle, siehe Kapitel 4. Führungskräfte wissen das, es wird ihnen schließlich in Karriereratgebern, Wirtschaftsmagazinen und Seminaren immer wieder haarklein erläutert. Ebenso übrigens wie das ABC der cleversten Strategien rund um Networking und Machtspiele. Wer es hier zur Meisterschaft bringen will, muss sich allerdings genug Zeit und Raum zum Einüben der Tricks verschaffen. Für Vorgesetzte eine der leichtesten Übungen: Sie haben ein eigenes Büro, in dem ihnen kaum jemand Kontrollblicke über die Schulter werfen kann. Sie haben ein freigeschaltetes Telefon, weitgehende Hoheit über ihre Terminplanung, ein gutgefülltes Spesenkonto für die außerbetriebliche »Kontaktpflege«. Und sie haben die Verantwortung. Auf die berufen sie sich gern, häufig begleitet von schweren Seufzern. Diese Tarnung ist jedoch nicht immer erfolgreich: »Alle Manager reden ständig von ihrer schweren Verantwortung, und damit wollen sie zweierlei rechtfertigen: Erstens, dass sie sehr viel Geld verdienen, und zweitens, dass sie im Grunde nicht arbeiten.«[22]

Selbst wenn so mancher Manager sich tatsächlich aufreibt bis zum Burn-out und nach zwei Herzinfarkten wegen Arbeitsunfähigkeit in den vorgezogenen Ruhestand gehen muss – das Gros seiner Kollegen hält sich sicherheitshalber an das Motto »Wer nichts macht, macht nichts verkehrt und wird befördert«. Hierzu ein O-Ton einer frischgebackenen Führungskraft: »Ich saß da und konnte nicht fassen, dass man zwölf Stunden nichts tat (außer Sekretärin, Praktikanten und Mitarbeiter mit Arbeit zu versorgen) und dafür bei Jahresgesprächen mit Lob und Gehaltssteigerungen überschüttet wurde. (…) Karrieremachen war eine große Show. Mit Arbeit hatte das wenig zu tun, es ging primär um das Verfolgen persönlicher Interessen.«[23] Sei es nun das Stricken am beruflichen Aufstieg oder einfach nur der Ausbau des häuslichen Weinkellers.

Wer nicht wirklich was tut, muss aber immerhin so tun als ob. Womit wir wieder bei der Mutter aller Faultierstrategien sind – der gezielt eingebrachten Überstunde. So gesehen steht zu vermuten, dass der ganze Überstundenkult sich von oben nach unten ausgebreitet hat: Wenn die Chefs aus strategischen Gründen möglichst lang am Schreibtisch hocken bleiben, dann müssen die Mitarbeiter ihrerseits aus Kalkül darauf verzichten, pünktlich den Feierabend einzuläuten. Was macht denn das für einen Eindruck, wenn der Untergebene regelmäßig fröhlich pfeifend das Licht ausmacht, während der Vorgesetzte im Büro nebenan stets bis in den späten Abend schuftet.

Wer nichts macht, macht nichts verkehrt und wird befördert

Nun breitet sich in Hierarchien bekanntlich vieles von oben nach unten aus, angefangen bei der Laune vom Chef, die ganze Abteilungen bereits vor dem ersten Kaffee in ein lähmendes Stimmungstief versetzen kann. Ganz allgemein übernehmen die Untergebenen bewusst oder unbewusst die Maßstäbe ihrer Vorgesetzten. Also im Bereich der Faultierstrategie neben der demonstrativen Diensteifrigkeit auch die innere Arbeitsmoral. Um die der Mitarbeiter nachhaltig ins Wanken zu bringen, reicht manchmal ein zufällig erhaschter Blick auf den Bildschirm des Chefs.

Wenn da anstelle einer dienstlichen Angelegenheit eine Partie Online-Poker oder das Testergebnis für den neuen 7er BMW zu sehen ist, gewinnt die weitverbreitete Vorstellung vom »Vorgesetzten als Vorbild« eine völlig neue Dimension.

Mitarbeiter, die ein erkennbar freizeitorientiertes Vorbild vor sich haben, erweisen sich schnell als ebenso wissbegierige wie gelehrige Schüler ihres Meisters. Aufmerksam verfolgen sie sein Tun und vor allem sein Lassen, um die hohe Kunst der Faultierstrategie zu erlernen. Sie wird in Teil II dieses Buches erstmals ganzheitlich und praxisnah erklärt – eine Mission, die unerfüllbar gewesen wäre ohne das schöne Beispiel, das Vorgesetzte in diesem Bereich abgeben. Daher sei ihnen an dieser Stelle für ihren Erfindungsreichtum in Sachen Arbeitsvermeidung im Namen aller untergebenen Bürofaultiere sehr herzlich gedankt.

Zusammenfassung für faule Leser:

Zehn gute Gründe, zum Bürofaultier zu werden

1. **Stress ist ungesund.** Er lädiert Ihr Immunsystem. Er führt zu Schlaflosigkeit, Krankheiten und schlechter Verdauung. Er verkürzt die Lebenszeit. Und er hat wenig erbauliche Auswirkungen auf Haardichte und Faltentiefe.

2. **Sie reduzieren Ihre persönliche Gefährdung am Arbeitsplatz.** Risikofaktoren wie Frustration, Erschöpfung, Hetzkrankheit, Arbeitssucht, Burn-out und *Karoshi* werden vermieden. Und Sie haben eine reelle Chance, Ihre *Work-Life-Balance* wieder ins Gleichgewicht zu bringen.

2. **Leistung ist ohnehin Nebensache.** Darin sind sich die Karriereratgeber einig. Wenn aber die Fleißigen die Dummen sind, dann sorgen Sie am besten dafür, dass Sie zu den Klugen gehören. Beim Chef können Sie wahrscheinlich ohnehin durch gute Witze leichter punkten als durch fehlerfreie Berichte.

4. **Fleiß ist unrentabel.** Harte Arbeit ist im Vergleich zu Networking und guter Schauspielerei nicht nur nebensächlich. Sie ist auch finanziell völlig unrentabel, wie Sie durch einen Blick auf unbezahlte Überstunden, verfallene Urlaubstage und persönliche Lohn-Nebenkosten von Kleidung bis Kraftstoff schnell feststellen können.

5. **Faultiere sind die besseren Netzwerker.** Denn sie sind sozial verträglich und damit bestens gerüstet für Aufbau und Pflege persönlicher Kontakte. Merke: Auch wenn Chefs und Kollegen sich vielleicht manchmal über Ihre »Bedächtigkeit« aufregen, sind Sie ihnen unterm Strich tausendmal lieber als sämtliche Drängler, Überflieger und sonstige Stress verbreitenden Ehrgeizlinge.

6. **Sie schützen sich vor der Ausbeutung durch undankbare Arbeitgeber.** Auf der Basis moderner Kosten-Nutzen-Rechnung verteidigen Sie Ihre Zeit und Ihre begrenzten Energiereserven. Und Sie können für legitime Transferleistungen zu Ihren Gunsten sorgen, etwa durch den Aufbau einer Nebenerwerbsquelle als notwendige Ergänzung eines in der Regel deutlich zu geringen Gehalts.

7. **Der Spaßanteil an der Arbeit wächst.** Konsequent angewandt, bietet Ihnen die Faultierstrategie zahlreiche Entspannungsmöglichkeiten am Arbeitsplatz, vom Computerspiel bis zum verdeckten *Power-Napping*.

8. **Sie erweisen sich als ökonomisch verantwortungsvoll handelnder Bürger.** Als Mitglied einer Faultierpopulation können Sie im Kollektiv Rationalisierungsmaßnahmen wenn schon nicht verhindern, so doch immerhin erheblich hinauszögern. Damit sichern Sie Jobs. Sie sorgen dafür, dass der Arbeitsmarkt stabil bleibt, und unterstützen so Nachfrage, Konsum und Binnenkonjunktur. Darüber hinaus stemmen Sie sich dem Vormarsch von Stresskrankheiten entgegen und schützen so die Krankenkassen vor dem Kollaps.

9. **Sie leisten einen ganz persönlichen Beitrag zur Re-Humanisierung der Arbeitswelt.** Faultieren sind Konkurrenzkämpfe und Intrigen zu anstrengend, Machtphantasien sogar gänzlich fremd. Stattdessen bessern sie durch Friedfertigkeit und gute Laune das Betriebsklima. Und wo ein gutes Betriebsklima herrscht, da steigt die Produktivität. Ganz ohne Druck von außen.

10. **Es merkt sowieso niemand was.** Ihr Wandel vom Maultier zum Faultier ist erstaunlich gefahrlos vollziehbar. Entweder, weil Ihre Chefs und Kollegen sich sowieso längst insgeheim selbst zum Faultier entwickelt haben. Oder aber, weil sie zu beschäftigt sind, um ihn überhaupt zu bemerken.

TEIL II

Die Faultierstrategie in der beruflichen Praxis

Kapitel 6

Die wichtigsten Voraussetzungen für die erfolgreiche Anwendung

»Auch aus Steinen, die einem in den Weg gelegt werden, kann man etwas Schönes bauen.«

Johann Wolfgang Goethe

Die Wahl eines geeigneten Arbeitsplatzes

Um späterer Enttäuschung vorzubeugen: Längst nicht jede Stelle ist für die Anwendung der Faultierstrategie geeignet. Daher gilt es, möglichst schon bei der beruflichen Positionierung planvoll vorzugehen. Selbständige Tätigkeiten scheiden logischerweise aus. Hier ist der Arbeitsaufwand schwerlich auf ein Minimum zu reduzieren. Was für Selbständige jedoch nicht weiter dramatisch ist, da sie ihr Arbeitstempo und ihren Energieeinsatz selber steuern und auch die Früchte ihrer Arbeit höchstpersönlich ernten können.

Anders schaut es bei Scheinselbständigen und projektweise Beschäftigten aus. Sie hätten allein aus gesundheitlichen Gründen eine Chance auf entstresstes Arbeiten dringend verdient. Doch der Trend sowohl zur Ausbeutung durch den Arbeitgeber als auch zur Selbstausbeutung macht den Einsatz von Faultierstrategien bei diesen Berufsgruppen derzeit so gut wie unmöglich. Dasselbe trifft bedauerlicherweise häufig für befristet Angestellte und Praktikanten zu. In diesem Segment sind jedoch gelegentlich mutige Ausnahmetalente zu beobachten, deren erfolgreich angewandte Arbeitsvermeidungsstrategien für erschöpfte Kollegen eine Quelle der Inspiration sein können.

Die beste Basis für die erfolgreiche Anwendung der Faultierstrategie bietet derzeit vor allem eine unbefristete Festanstellung. Ideal sind Stellen im Verwaltungsbereich, wie die seit Jahrhunderten ungebrochen fortbestehende Reputation von Beamten beweist. Gut geeignet sind ferner Kreativjobs (die Entwicklung und Ausarbeitung von Ideen erfordern nun mal unberechenbar viel Zeit) und spezialisierte Nischenjobs, in denen niemand so genau weiß, was wer eigentlich tut. Gute Aussichten haben Sie auch im gehobenen Dienstleistungssektor sowie in Positionen, die ein gewisses Maß an Entscheidungsfreiheit und Mobilität (Termine außer Haus!) erfordern. Mäßig bis schlecht in Sachen *Downshifting* im Job schaut es hingegen bei trendigen Arbeitgebern aus. Deren schickes Image ist nur im Tausch gegen vorbehaltlose Fleißarbeit zu haben. Ebenfalls ungünstig sind angestellte Tätigkeiten, die entweder ständige Aufmerksamkeit verlangen (Krankenpfleger, Busfahrer, Fluglotse) oder aus rein mechanischen, routinemäßigen und gut kontrollierbaren Aufgaben bestehen (Fließband, Call-Center).

Apropos Kontrollen: Sie sind eine der größten Herausforderungen auf dem Weg zum gepflegten Faultiertum im Job. Wie nicht anders zu erwarten, scheuen insbesondere einschlägig berüchtigte Arbeitgeber weder Kosten noch Schlagzeilen, um etwaige faultierstrategische Ambitionen der Belegschaft aufzudecken und zu bestrafen, siehe Kapitel 12. Doch das ist nur begrenzt ein Grund zur Sorge. Zumindest für alle, die dem Ruf ihrer Gattung gerecht werden und nicht nur faul sind, sondern auch ziemlich clever. Sie sehen in den Überwachungsmaßnahmen ihres Arbeitgebers eine intellektuelle Herausforderung, die es zu meistern gilt.

Da systematische Überwachungsmaßnahmen und hauptberufliche Controller in kleinen und mittleren Betrieben schon aus Kostengründen weniger verbreitet sind, ist eine Anstellung in diesem Bereich einem Job in einem Konzern vorzuziehen. Großunternehmen haben jedoch einen nicht zu unterschätzenden Vorteil: Im Zuge der immer beliebter werdenden Fusionen entsteht gelegentlich ein undurchdringlicher Kompetenz- und Zuständigkeitsdschungel, der talentierten Faultieren oft für lange Zeit einen sicheren Schlupfwinkel bietet.

Ziele und innere Einstellung: Kalkül statt Kraftakt

Die Frage »Brotjob oder Karriere« haben Sie für sich selbst vermutlich bereits mehr oder weniger klar beantwortet, sonst hätten Sie dieses Buch nicht gekauft. Denn auch wenn es immer wieder ganz erstaunliche Ausnahmen zur Regel gibt, so gilt doch prinzipiell, dass die Faultierstrategie kein geeignetes Mittel für den Aufstieg bis nach ganz oben ist. Auch für Mitarbeiter, die allein in der Lohnarbeit Lebenssinn und Erfüllung finden, kommt die Faultierstrategie von Haus aus nicht in Frage.

Die Faultierstrategie funktioniert dann am besten, wenn Sie sie mit spielerischer Gelassenheit praktizieren

Sie ist hingegen hervorragend geeignet für Beschäftigte, die schon deshalb nicht die Erfüllung in der Fleißarbeit suchen, weil sie ihren Lebensmittelpunkt und ihre persönlichen Leidenschaften erfolgreich außerhalb des Firmengeländes angesiedelt haben. Ihr oberstes Ziel ist folglich einzig und allein eine möglichst anstrengungsfreie und dabei möglichst langfristig gesicherte Tätigkeit.

Dieses Ziel ist umso leichter erreichbar, je sachlicher Sie es verfolgen. Die Bitterkeit und unterdrückte Wut, mit der innere Emigranten und Untergrundkämpfer unter den Bürofaultieren die Faultierstrategie oft anwenden, sind zwar sehr verständlich. Doch solche emotionalen Anspannungen kosten Kraft, und dieser Aufwand ist vor allem in Stresssituationen für jedermann erkennbar. In solchen Phasen ist Ihre Tarnung gefährdet. Das erschwert Ihnen wiederum die Umsetzung bestimmter Taktiken. Im Sinne einer möglichst reibungslosen Zielerreichung ist es daher ratsam, sich um ausreichende innere Distanz zu bemühen. Am besten versuchen Sie, so lange wie möglich einen kühlen Kopf zu bewahren. Also so lange, bis das Gehalt / Schmerzensgeld nicht mehr ausreicht, um Leidensdruck und Langeweile auszugleichen. Sobald dieser Punkt erreicht ist, ist es selbst für Faultiere an der Zeit, sich ernsthaft nach einem neuen Job umzuschauen.

Fazit: Die Faultierstrategie funktioniert dann am besten, wenn Sie sie wie die Überlebenskünstler unter den Bürofaultieren mit spielerischer Gelassenheit praktizieren. Oder aber, wenn Sie sie ganz leidenschaftslos als legitimes Instrument der Stressverminderung ansehen, durch das sich zwar nur begrenzt intellektuelle Befriedigung erlangen lässt, aber immerhin ein regelmäßiges Einkommen. Dieses fällt obendrein deutlich akzeptabler aus, wenn Sie bei der Errechnung Ihres Stundenlohns wirklich nur den *tatsächlich* eingebrachten Arbeitsaufwand berücksichtigen, also vom offiziell geforderten Energieeinsatz sämtliche Scheinbeschäftigungs- und Freizeitaktivitäten abziehen. Es ist eben alles eine Frage der Betrachtung.

Planvolles Vorgehen: Erst die Tarnung, dann der *Chill-out*

Die Faultiere in der Natur haben es gut. Sie erfreuen sich der Gnade der faulen Geburt und brauchen daher keine mittel- bis langfristigen Zielvereinbarungen mit sich selbst, um den göttlichen Zustand der Gemütlichkeit zu erreichen. Ihre Kollegen im Arbeitsleben bringen weniger perfekte Startvoraussetzungen mit. Einige unter ihnen weisen zunächst sogar beachtliche Handicaps auf (Idealismus, Bereitschaft zur Selbstausbeutung, Glaube an Lob für Leistung), die erst im Laufe der Jahre abgebaut werden. In der Regel durch Frustration, Erschöpfung und vor allem durch unerträgliche Vorgesetzte, die sie unermüdlich antreiben.

Doch auch falls Sie persönlich nicht durch Ehrgeiz und / oder Illusionen vorbelastet sind: Einfach abhängen ist keine Option. Es sei denn, Sie wollen sich von vornherein als gemeines Faultier outen. Was zwar bequem ist, aber weitaus weniger empfehlenswert als ein planvolles Vorgehen. Wirklich gut funktioniert die Faultierstrategie nämlich erst nach einer Phase der strategisch investierten Anstrengung. In dieser Zeit sollten Sie sich demonstrativ als fleißiger, zuverlässiger, aufopferungsbereiter Mitarbeiter positionieren. Ein Image, das bedauerlicherweise ohne einen gewissen Einsatz nicht zu erlangen ist.

Erst schuften, dann chillen – für so manchen Leser vermutlich eine bittere Pille. Die allerdings nur für eine überschaubare Zeit geschluckt werden muss. Denn in der Regel reichen ca. anderthalb Jahre, um ein positives Image und damit eine solide Tarnung aufzubauen. Danach können Sie es sich hinter Ihrem Schutz- und Blendwall bequem machen. Und beobachten, wer von Ihren Kollegen und Vorgesetzten insgeheim ebenfalls hinter einer Image-Barrikade gemütlich abhängt.

Faul, aber fair

Es ist außerordentlich lohnend, die Reputation eines fleißigen Mitarbeiters zu erlangen. Mindestens genauso lohnend ist es, sich die Reputation eines *fairen* Mitarbeiters zu erarbeiten. Das erfordert weniger Mühe, dafür aber bedeutend mehr Ausdauer. Denn Fairness ist keine Tarnung, sondern eine Qualität, die tagtäglich unter Beweis gestellt werden sollte. Ein Faultier weiß genau, dass faires, freundliches Verhalten die wichtigste Voraussetzung dafür ist, dass Kollegen und sogar Chefs trotz des einen oder anderen »Leistungsdefizits« beide Augen zudrücken. Im besten Fall rücken Faultiere sogar in den Rang von Büromaskottchen auf, die ihren Mangel an Tempo durch eine ganze Reihe liebenswerter, teamfördernder Eigenschaften wettmachen, siehe Kapitel 9.

Alle Faultierspezies mit Ausnahme des gemeinen Faultiers haben daher einen Ehrenkodex, der die Beziehungen zu Kollegen und Untergebenen unter besonderen Schutz stellt:

- **Keine Mehrarbeit für die Kollegen.** Ehrenwerte Faultiere sorgen allgemein für suboptimale Leistungsstandards. Sie drücken sich jedoch nicht konkret auf Kosten einzelner Kollegen vor einer bestimmten Arbeit.

- **Strategisches Fehlermanagement.** Wird ein ehrenwertes Faultier bei einem Fehler erwischt, so schiebt es die Verantwortung nie Kollegen und Mitarbeitern, sondern immer nur den Umständen / der Konkurrenz / dem ständigen Stress / dem Wetter / dem Chef in die Schuhe.
- **Loyalität.** Ein ehrenwertes Faultier klaut keine Ideen und lügt niemals, jedenfalls nicht zu Lasten von Kollegen und Mitarbeitern. Es ist auch nicht intrigant, außer vielleicht in Notwehr gegenüber tyrannischen Vorgesetzten. Es ist gleichbleibend friedlich und beteiligt sich nie, unter keinen Umständen, an Mobbing-Aktionen.
- **Sozialverträglichkeit.** Ehrenwerte Faultiere gleichen ihren Mangel an Fleiß erfolgreich durch Freundlichkeit und gleichbleibend gute Laune aus.
- **Dankbarkeit.** Jedes Faultier weiß Hilfsbereitschaft zu schätzen und zu nutzen. Doch *ehrenwerte* Faultiere wissen sie auch zu honorieren: Für die Unterstützung durch wohlmeinende Kollegen revanchieren sie sich grundsätzlich auf angemessene Weise.
- **Flexibilität ja, Opportunismus nein.** Pragmatische Anpassung spart viel Energie und ist daher eine ganz besonders wichtige Faultierstrategie. Bei ehrenwerten Faultieren mündet sie jedoch nicht in das »Nach-oben-schleimen-nach-unten-treten-Prinzip«, das unter Vorgesetzten so weit verbreitet ist.

Das sind trotz aller dahinterstehenden Arbeitsvermeidungsambitionen eine ganze Menge ausgesprochen angenehmer Eigenschaften. Damit mutet das Faultier auf geradezu altmodische Weise aufrecht und solidarisch an. Jedenfalls im Vergleich zu Beschäftigten auf dem knallharten Egotrip, den so mancher Karriereratgeber empfiehlt: »Lassen Sie Ihre Emotionen beiseite! Für Ihr berufliches Überleben darf es keine Rolle spielen, ob Sie Mitleid mit einer Kollegin haben, die alleinerziehende Mutter ist und nach Feierabend aufopferungsvoll ihren Vater pflegt.«[24] Ein ehrenwertes Faultier nimmt einer solchen Kollegin zwar nicht die Arbeit ab.

Aber es hört ihr zu, muntert sie auf und haut sie vor allem nicht skrupellos in die Pfanne.

Kündigung: Wachsende Panik, schrumpfende Gefahr

Viele Mitarbeiter träumen jahrelang vom Ende ihres Maultierdaseins. Sie trauen sich jedoch nicht, den Wandel zum Faultier auch wirklich zu vollziehen: Sie fürchten, enttarnt und gekündigt zu werden. Im Lichte aktueller volks- und betriebswirtschaftlicher Erkenntnisse wird diese Angst jedoch immer weniger begründet sein. So hat der demographische Wandel bereits zu einem deutlichen Fachkräftemangel geführt. Der wird sich in Zukunft, Weltwirtschaftskrise hin, Rezession her, dramatisch zuspitzen: Bereits 2015 werden Prognosen zufolge sieben Millionen Arbeitskräfte fehlen. Daher raten Experten den Unternehmen schon jetzt dringend dazu, qualifiziertes Personal über Fortbildung und Förderung langfristig zu binden. So schnell kann sich das Blatt wenden: Wurden vor ein paar Jahren Arbeitsplätze mit den rüdesten Methoden abgebaut, so müssen Unternehmen heute langfristig auf Schmusekurs und »Talent Management« setzen, um Arbeitnehmer bei Laune zu halten. Schöne Aussichten, auch für Faultiere.

Wurden vor ein paar Jahren Arbeitsplätze mit den rüdesten Methoden abgebaut, so müssen Unternehmen heute langfristig auf Schmusekurs und »Talent Management« setzen

Ihre Zukunft ist ziemlich gesichert, zumal auch der Trend zur massenweisen Verlagerung von Arbeitsplätzen ins Ausland offenbar langsam am Ende ist. Nach Jahren der Aufbruchsstimmung setzt unter Unternehmern eine gewisse Ernüchterung ein. Der Aufwand ist oft höher als geplant, der Ertrag dafür viel geringer: Die Umzugskosten sind riesig, die Steuervorteile kleiner als vermutet, die Verarbeitungsqualität lässt zu wünschen übrig, die Gesetze im

Gastland sind kompliziert, die Mentalitäten der lokalen Mitarbeiter auch. Häufiges Fazit: Außer Spesen nix gewesen.

Obendrein wird es schwieriger, überhaupt noch echte »Billiglohnländer« zu finden. In den neuen EU-Ländern, in die früher gerne ausgelagert wurde, steigen die Kosten. Und auch in anderen Gegenden der Welt ist langsam Schluss mit billig. So bemüht sich etwa China in letzter Zeit darum, die Produktion reiner Massenware zugunsten von qualitativ hochwertigeren Produkten zurückzufahren. Was verständlich ist, aber auch die strukturellen Kosten steigen lässt. Folglich entscheiden sich vor allem kleine und mittlere Unternehmen, die sich in den neunziger Jahren noch ins chinesische Reich des Billiglohns aufgemacht haben, reumütig dafür, in die Heimat zurückzukehren. Zurück zu höheren Lohn- und Lohnnebenkosten, aber auch zurück zur berühmten deutschen Wertarbeit – die eben manchmal etwas länger braucht.

Angst vorm Chef?

Die ist nicht unberechtigt – immerhin kann ein unzufriedener Chef schlecht getarnten Faultieren mit Abmahnung und Kündigung drohen. Und diese Drohung auch in die Tat umsetzen. Sie können recht schnell Ihren persönlichen Gefährdungsgrad feststellen, indem Sie im Gespräch unter befreundeten Kollegen wie beiläufig Ihr Image auf den Prüfstand stellen: Treue Seele oder faule Socke? Faule Socke ist weniger günstig, aber auch noch kein Grund für verzweifelte Anstrengungen. Denn so schnell feuern die Vorgesetzten im Normalfall dann doch nicht. Zunächst mal, weil sie es gar nicht dürfen. In Unternehmen ab zehn Mitarbeitern greift immer noch das Kündigungsschutzgesetz, und auch der Betriebsrat hat ein Wörtchen mitzureden.

Überdies hat das Bundesarbeitsgericht Erfurt 2008 ein interessantes Urteil gefällt. Es ging um eine Mitarbeiterin, der wegen einer zu hohen Fehlerquote gekündigt worden war. Das Gericht stellte fest: Die Kündigung erfolgte zu Unrecht. Der Chef hätte nachweisen müssen, dass die Mitarbeiterin ihre persönliche Leistungsfähigkeit *bewusst* nicht ausschöpft. Ein solcher Nachweis ist gar nicht so einfach zu erbringen. Daher muss im Lichte dieser Rechtsprechung niemand mehr Angst vor einer Kündigung haben, nur weil seine Leistungen unter dem Niveau seiner Kollegen liegen. Gefordert ist laut Urteil nur die »angemessene Ausschöpfung der persönlichen Leistungsfähigkeit«.[25] Na also: »angemessene Ausschöpfung«, nicht etwa »totale Erschöpfung«. Wobei man über die tiefere Bedeutung des schönen Wörtchens »angemessen« durchaus noch ein bisschen sinnieren könnte. Angemessen im Vergleich zur Bezahlung? Dann dürfte wohl halb Deutschland mit höchstrichterlicher Genehmigung auf halbe Stelle gehen. Bei vollem Gehaltsausgleich, versteht sich.

Unabhängig vom lästigen Ärger mit Betriebsräten, Arbeitsgerichten, Kündigungsschutzklagen und dergleichen gibt es noch ein paar andere Gründe dafür, dass Vorgesetzte häufig zögern, von ihrem Kündigungsrecht Gebrauch zu machen, wenn sie nicht gerade »von oben« dazu gezwungen werden.

- **Die Mehrarbeit.** Da viele Chefs ihrerseits Faultiere sind, scheuen sie eine Kündigung allein deshalb, weil sie mit so viel Arbeit verbunden ist: Stellenausschreibung formulieren, Bewerbungen lesen *und* auswerten, Bewerbungsgespräche führen, Neuling einarbeiten usw. usw. Dann lieber ja zum Faultier und ja zum frühen Feierabend.
- **Die Blamage.** In der Regel hat der Chef selbst Sie eingestellt, sozusagen handverlesen aus Hunderten eingegangener Bewerbungen. Wenn er Sie jetzt feuert, heißt das für seine Kollegen und Vorgesetzten, dass er keine Ahnung von seriöser Personalauswahl hat. Einen so offensichtlichen Mangel an Führungsqualitäten gibt niemand gerne zu.
- **Blamage de luxe.** Der Faultier-Schutzfaktor steigt noch erheblich an, wenn Ihr Chef bereits dafür bekannt ist, bei Stellenbesetzungen regelmäßig daneben zu greifen.
- **Die Kosten.** So eine Kündigung schlägt ausgesprochen teuer

zu Buche. Je nach Qualifikationsstufe muss das Unternehmen mit 6000 bis 45 000 Euro für Neuausschreibung, Auswahlverfahren und Einarbeitung des Nachfolgers rechnen. Dazu kommen reichlich indirekte Kosten durch längere Bearbeitungszeiten, unzufriedene Kunden und »Know-how-Verlust«: Selbst langsame Mitarbeiter kennen ihren Laden immer noch eine ganze Ecke besser als ahnungslose Neulinge.

- **Die Fluktuation.** Die Lage der Finanzmärkte ist mehr als angespannt. Aktionäre verfolgen zunehmend kritisch das Treiben der Bosse. Das hat zur Folge, dass die Führungskräfte selbst sich immer schlechter in ihren Positionen halten können. Es besteht also durchaus Anlass zu der Hoffnung, dass Ihr Chef gefeuert wird, bevor er Sie überhaupt als Faultier enttarnen kann.

Kapitel 7

Ein guter Ruf und wie man ihn geschickt erzeugt oder: Eindruck statt Einsatz

»Mehr Schein als Sein war schon immer hilfreich für eine entsprechende Karriere, und wohl nicht selten sogar die Voraussetzung.«

Reiner Neumann/Alexander Ross,
Der Macht-Code. Spielregeln der Manipulation.[26]

Leistung ist, was der Vorgesetzte für Leistung hält

In Kapitel 4 haben wir bereits gesehen, dass Leistung von den Karriereratgebern eher als Nebensache eingestuft wird. Was zählt, ist nicht die Qualität der Arbeit, sondern das Image des Mitarbeiters, der sie leistet. Das wird überzeugte Fleißarbeiter deprimieren – doch Faultiere dürfen frohlocken, denn daraus lässt sich eine äußerst effiziente Arbeitsvermeidungsstrategie ableiten.

Was zählt, ist nicht die Qualität der Arbeit, sondern das Image des Mitarbeiters, der sie leistet

Wenn auch Ihr Chef den *Eindruck*, den er von seinen Mitarbeitern hat, über ihre tatsächliche Leistung stellt, können Sie Fleiß und Fachkompetenz getrost vergessen. Und sich stattdessen darauf konzentrieren, den *Anschein* eines guten Mitarbeiters zu erwecken. Das ist zwar ebenfalls mit einer gewissen Anstrengung verbunden, aber immer noch wesentlich weniger schweißtreibend als das unterbezahlte Abstrampeln im Hamsterrad.

Wie genau die hohe Kunst der Selbstdarstellung auf Vorgesetztenebene funktioniert, steht in dicken Büchern über »Impression Management«. Chefs schwören auf die in diesen Schwarten erläuterten Tipps und Tricks zur Karriereförderung. Da liegt es nahe, dass Faultiere sie zweckentfremden, um ihren Job zu sichern. Komplizierte Regeln müssen Sie dafür nicht auswendig lernen. Es reicht völlig zu wissen, dass sich mit bewusst zur Schau gestellten Eigenschaften, die der Chef als positiv einstuft, ein ziemlich krisensicheres Image herstellen lässt. Kleines Beispiel: Wenn der Chef einen Mitarbeiter als »ungepflegt« wahrnimmt, wird er ihn automatisch als unordentlich und unzuverlässig einstufen, selbst wenn das nicht stimmt. Umgekehrt wird er einen stets adrett auftretenden Mitarbeiter automatisch für ordentlich und zuverlässig halten und seine Arbeit entsprechend wohlwollend bewerten. Ist der adrette Mitarbeiter noch dazu stets pünktlich, gilt er automatisch auch als fleißig. Selbst wenn er nach seiner pünktlichen Ankunft erst mal ein Stündchen die Online-Ausgabe der Tageszeitung liest.

Die Strategie der Imagebildung orientiert sich also konsequent an den Erwartungen derjenigen, bei denen man punkten will. Selbstverwirklichungsehrgeiz à la »Nehmt mich so, wie ich bin« ist fehl am Platz. Und zwar auch und gerade dann, wenn Sie persönlich unter einer adretten Erscheinung etwas radikal anderes verstehen als Ihr Chef. Oder wenn Sie »von Natur aus« unpünktlich sind und kreative Unordnung brauchen wie die Luft zum Atmen. Egotrips sind in der Arbeitswelt so gut wie unmöglich. Faultiere beschränken sich daher von vornherein genügsam darauf, ihren persönlichen Vorlieben ausschließlich im Privatleben zu frönen. Im Job zeichnen sie sich durch eine nüchterne Grundhaltung aus: Imagepflege gehört für sie wie selbstverständlich zu den Spielregeln. Deshalb hat für sie die diskrete Orientierung an den Ansprüchen des Chefs mit schleimigem Opportunismus nicht das Geringste zu tun. Dafür umso mehr mit reinem Pragmatismus – es geht schließlich ums möglichst stressfreie Überleben.

Die geheimen Grundlagen der Mitarbeiterbeurteilung

Viele Mitarbeiter verausgaben sich allein deshalb völlig, weil sie glauben, der Chef nähme ihre Arbeit ständig unter die Lupe. Das ist jedoch eher unwahrscheinlich: Vorgesetzte investieren wesentlich mehr Zeit in Powerplay und verdeckte Faultierstrategien als in die kontinuierliche Qualitätsanalyse ihrer Mitarbeiter. Häufig reicht ihre Fachkompetenz nicht aus, um gute Arbeit wirklich würdigen zu können. Noch häufiger haben sie sowieso kaum eine Ahnung davon, womit ihre Mitarbeiter so den lieben langen Tag beschäftigt sind. Ihr Motto lautet: Hauptsache, der Laden läuft und es gibt keine Beschwerden. Vielleicht wissen sie sogar, dass ein Mitarbeiter eher mittelmäßige als Spitzenleistungen bringt – doch sofern dieser Mitarbeiter ihnen sympathisch ist und sich keine riesigen Patzer erlaubt, schleppen sie ihn einfach durch. Schon weil ihnen vor kritischen Feedbackgesprächen graust. Mit Ausnahme von Tyrannen und Cholerikern sind die meisten Chefs nämlich konfliktscheu, siehe auch Kapitel 9.

Genau aus diesem Grunde haben sie auch überhaupt keine Lust auf engagierte Mitarbeiter. Sie fordern zwar lautstark vollen Einsatz – doch in Wirklichkeit ist es ihnen viel lieber, wenn Querdenker, Innovative und sonstige Nervensägen sich anderswo austoben. Die bringen nur Unruhe in den Betrieb, stellen vertraute Routineprozesse wie liebgewordene Gewohnheiten in Frage und erzwingen »kreative Auseinandersetzungen«. Die der Chef dann gewinnen muss, um seine Autorität zu retten. Wenn ihm das nicht gelingt, ist schließlich *sein* Image gefährdet. Also wird er allen entgegengesetzten Behauptungen zum Trotz einen mittelmäßigen Mitarbeiter einem leistungsstarken Mitarbeiter vorziehen. Denn erstens leuchtet das Licht der Chefkompetenz umso heller, je mehr Mittelmaß ihn umgibt. Und zweitens ist der mittelmäßige Mitarbeiter ungefährlich. Während der leistungsstarke Mitarbeiter fähig wäre, seinen Vorgesetzten kurzerhand vom Chefsessel zu stürzen. Daraus folgt, dass Fleiß und Leistung nicht nur nebensächlich sind, sondern sich sogar je nach Chef als geradezu fatal erweisen können.

Dann lieber gleich den Klassiker unter den Faultierstrategien zur Anwendung bringen: den Sympathiewert. Erfolgreich dafür zu sorgen, dem Chef »einfach sympathisch« zu sein – das ist schon die halbe Miete. Ihre Arbeitsleistung wird von nun an wohlwollend wahrgenommen werden. Der Durchschnittsvorgesetzte hat nämlich zu wenig Führungskompetenz, um seine garantiert immer vorhandene »Nett/Blöd«-Einstufung seiner Untergebenen bei der Leistungsbewertung systematisch auszublenden. Da er die Arbeit eines Mitarbeiters nicht richtig beurteilen kann, siehe oben, setzt er bevorzugt auf sein Bauchgefühl. Und das bewertet Eigenschaften wie stabil gute Laune, solides Fachwissen in Sachen Formel 1 oder auch ein ansehnliches Dekolleté häufig höher als ausführliche Berichte und originelle Konzepte.

Auf der Basis dieser seriösen Urteilsfindung sieht der Chef die Leistung eines »netten« Mitarbeiters in einem helleren Licht als die eines Untergebenen, den er insgeheim zu den »Blöden« zählt. Obendrein billigt er Mitarbeitern mit dürftigen Arbeitsergebnissen, aber hohem Sympathiebonus nachweislich bereitwillig mildernde Umstände wegen »ungünstiger Rahmenbedingungen« zu. Die nimmt er bei einem Mitarbeiter, den er aus irgendeinem Grund nicht leiden kann, gar nicht erst zur Kenntnis. Deshalb beurteilt er ihn strenger. Selbst wenn ein »unsympathischer« Mitarbeiter objektiv gesehen gute Arbeit leistet, wird der Vorgesetzte sich im Rahmen seines Entscheidungsspielraums bei erforderlichen »Personalverschlankungsmaßnahmen« immer lieber von ihm verabschieden als von einem »wirklich netten« Mitarbeiter mit hohem Unterhaltungswert, der halt leider ein bisschen langsam ist.

Wissen, wie der Chef tickt

Fassen wir kurz zusammen: Aus diversen Gründen sind ständige Spitzenleistungen für den Joberhalt nicht zwingend erforderlich. Es reicht völlig, dass Ihr Chef *glaubt*, in Ihnen einen leistungs*bereiten* Mitarbeiter zu haben. Stellt sich nur die Frage, wie Sie es hinkriegen, dass er das glaubt. Auf den folgenden Seiten erhalten Sie zahlreiche Anregungen, die Ihnen helfen werden, dieses Ziel zu verwirklichen. Zuvor jedoch sei darauf hingewiesen, dass Sie die besten Resultate erzielen, wenn Sie Ihren Chef genauestens analysieren und daraus Rückschlüsse für Ihr weiteres Verhalten ziehen.

Von zentraler Bedeutung sind alle Erkenntnisse über die höchstpersönlichen Vorlieben und Abneigungen sowie über die Stärken und Schwächen Ihres Vorgesetzten. Hasst er es, wenn Mitarbeiter Telefone lange läuten lassen? Dann können Sie punkten, wenn bei Ihnen der Anrufbeantworter nach dem zweiten Klingeln rangeht. Hat er technische Schwächen, etwa im Umgang mit PowerPoint, Handyfunktionen und E-Mail-Anlagen? Dann wird er Sie dafür lieben, dass Sie ihm jederzeit diskret weiterhelfen. Teilen Sie »zufällig« seine Leidenschaft für Kakteenzucht oder Angorakatzen? Dann wird er sich Ihnen schon menschlich so verbunden fühlen, dass er beide Augen zudrückt, wenn Sie die Mittagspause mal wieder ein paar Minütchen überziehen. Trägt er immer gute Schuhe? Dann können Sie ihn allein dadurch für sich gewinnen, dass Sie sich von ausgelatschten Tretern verabschieden und in Schuhputzzeug und regelmäßige Absatzerneuerung investieren.

Es reicht völlig, dass Ihr Chef *glaubt*, in Ihnen einen leistungsbereiten Mitarbeiter zu haben

Je sorgfältiger Sie Ihr Chefprofil anfertigen, desto besser können Sie das schöne Pareto-Prinzip anwenden. Das besagt, vereinfacht dargestellt, dass zwanzig Prozent Ihres Aufwandes für achtzig Prozent des Erfolges sorgen. Auf den Arbeitsplatz bezogen ergibt sich daraus eine überaus wichtige Fragestellung: Mit welchen zwanzig Prozent Ihres Auftretens erreichen Sie beim Chef achtzig Prozent Ihrer positiven Wirkung? Eine durchdachte Antwort auf diese Frage bewahrt Sie zuverlässig vor dem umgekehrten Fall: dass zwanzig Prozent unüberlegtes Auftreten für achtzig Prozent des Ärgers mit dem Chef verantwortlich sind. Kleines Beispiel gefällig? Die meisten Chefs werden sich schon allein aus Verlegenheit lieber zu Unrecht über die mangelnde Arbeitsqualität eines Mitarbeiters aufregen, als ihm völlig zu Recht endlich zu sagen, dass er, nun ja, etwas streng riecht.

Die Macht des ersten Eindrucks

Es dauert gerade mal sieben Sekunden, bis sich ein erster Eindruck gebildet hat. Wenn der erst mal steht, nehmen die meisten Leute nur noch Eigenschaften wahr, die zu dem einmal gemachten Bild passen. Der Rest wird unterbewertet oder verdrängt. Vorhandene Eindrücke im Lichte neuer Information neu zu bewerten ist dem Hirn zu unbequem. Insbesondere dem des Vorgesetzten. Er ist schließlich der Chef, also bleibt sein spontanes Urteil allen später eingehenden Infos zum Trotz, was es von Anfang an war: richtig. Eine einmal vorgenommene Beurteilung werden die meisten Vorgesetzten schon aus Prinzip sehr ungern korrigieren. So gesehen ist der erste Eindruck, den Sie machen, der Grundstein für Ihre gesamte spätere Faultiertarnung. Die Qualität Ihrer Arbeit kann der Chef schließlich erst nach Wochen und Monaten beurteilen – Ihren Look und Ihr Auftreten hingegen sofort.

Wobei man den Chefs zugutehalten muss, dass sie sich bis zur abschließenden Urteilsverkündung dann doch etwas länger Zeit lassen als sieben Sekunden. Es gibt zwar Bewerber, die es tatsächlich schaffen, im Vorstellungsgespräch bereits bei der Begrüßung jede Chance auf eine Anstellung zu vergeigen. Doch normalerweise haben Jobanfänger sechs Monate Zeit, einen vorteilhaften Eindruck zu erzeugen. Diese Phase gilt es konsequent zu nutzen. Ebenso übrigens wie die sechs Monate *nach* der erfolgten Festanstellung, denn da gucken Vorgesetzte und Kollegen auch noch ziemlich genau hin. Ein cleveres Bürofaultier weiß das und wird auf das erste Jahr in einem neuen Job sogar noch klaglos ein paar weitere Monate »selbstloses Engagement« obendrauf packen. Merke: Je solider der Ersteindruck, desto besser die Tarnung und desto vielfältiger die innerbetrieblichen Entspannungsmöglichkeiten.

Aber keine Angst: »18 Monate selbstloses Engagement« heißt noch lange nicht »18 Monate harte Arbeit«. Das Gute am ersten Eindruck ist schließlich, dass er sich so schnell bildet. Kollegen und Chefs wollen Sie möglichst umstandslos einordnen. Also nehmen sie als Bewertungsgrundlage, was bald erkennbar ist: pünktlich oder unpünktlich, ordentlich oder unordentlich, immer freundlich oder eher muffig, anpassungsbereit oder ich-bezogen, Regelbefolger oder Regelbrecher. Und natürlich auch: kompetent oder inkompetent. Doch ist Inkompetenz kein wirklich ernsthaftes Hindernis. Entweder wissen Faultiere sowieso gut Bescheid und verzichten nur aus strategischen Gründen darauf, ihre Fachkompetenz an die große Glocke zu hängen. Oder aber sie polieren ein eher durchschnittliches Fachwissen erfolgreich auf durch so eindrucksvolle Eigenschaften wie schnelle Auffassungsgabe, rhetorisches Geschick, Flexibilität und Dienstbarkeit. Sollten sie ausnahmsweise auch damit nicht dienen können, so rettet sie ihr unerschütterliches Selbstbewusstein: Souverän auftretende Menschen gelten automatisch als kompetent.

Mit wenig Mühe viel erreichen: Bekleidung, Benimm & Co.

Was auf den ersten Blick wie kalter Kaffee aus vergilbten Bewerbungsratgebern wirkt, ist in Standardwerken über gängige Machtstrategien nach wie vor ein Hit: »Die äußere Erscheinung wird von uns meist mit inneren Qualitäten gleichgesetzt. (…) Achten Sie auf Ihr Äußeres. Mit geringen Mitteln lässt sich oft viel erreichen.«[27] »Geringe Mittel« – da horchen Profifaultiere sofort auf. Folgende Bewertungskriterien sind, gemessen an den unendlichen Facetten des menschlichen Charakters, zwar »schrecklich oberflächlich«, spielen aber eine erschreckend große Rolle:

- **Kleidung und Accessoires.** Wer sich an den Dresscode seines Unternehmens hält, signalisiert alleine dadurch, wie ernst er seine berufliche Verantwortung nimmt. Wenn Sie sich seriös kleiden, gelten Sie als seriös, auch ohne diesen Eindruck ständig durch seriöse Arbeit belegen zu müssen. Aber übertreiben Sie es nicht bei der Wahl Ihres Outfits: Ihr Chef wird es Ihnen nicht verzeihen, wenn Ihre Armani-Anzüge ihn ständig daran erinnern, dass er selbst bei C&A einkauft.

- **Tonfall.** *Wie* Sie etwas sagen, spielt nachweislich eine viel größere Rolle als *was* Sie sagen. Sie können daher den Eindruck von Engagement und Dynamik sehr erfolgreich erzeugen, indem Sie stets lebhaft sprechen. Anstatt die Aura einer Schlaftablette zu verbreiten, wie man es von einem Faultier erwarten würde.
- **Körpersprache.** Ein Faultier wird weder schlapp am Schreibtisch hängen noch verträumt durch die Gänge schlendern. Stattdessen sendet es dezent nonverbale Stresssignale aus: geschäftiger Gesichtsausdruck, eventuell durch dekorative Stirnfalten untermauert, dazu ein dynamischer Schritt und ein wacher, gelegentlich leidender Blick. Letzteren können Brillenträger in seiner Wirkung noch verstärken, indem sie von Zeit zu Zeit die Brille abnehmen und sich ermattet die Augen reiben.
- **Körperpflege.** Insgeheim werden wesentlich mehr Mitarbeiter nach dem Reinigungsgrad ihrer Haare, Fingernägel und Zähne beurteilt als nach der Qualität ihrer Arbeit. Achten Sie also auf die Körperhygiene. Sie können viel gewinnen, wenn Sie sich erkennbar gepflegt und dezent (!) duftend durchs Arbeitsleben hangeln. Aber Sie haben alles verloren, wenn Kollegen und Chefs das Fenster aufreißen, sobald Sie das Zimmer betreten.
- **Figur.** Traurig, aber wahr: »Dick« wird unwillkürlich gleichgesetzt mit »faul«. Da können Sie sich noch so raffiniert tarnen – Ihre Faultierkarriere ist beendet, bevor sie angefangen hat. »Dick« gilt gleichzeitig oft als unattraktiv – und als weniger attraktiv eingestufte Arbeitnehmer müssen sich, wie Studien ergaben, mit weniger Gehalt zufriedengeben. Das ist einerseits wirklich schlimm. Andererseits eröffnet es die Chance, einzig und allein durch eine kleine Diät viel für ein vorteilhaftes Image und damit fürs Konto tun zu können.
- **Benimm.** Wer gutes Benehmen für spießig hält, ist selber schuld, wenn er trotz größtmöglichen Arbeitseinsatzes bei seinem Chef nie auf einen grünen Zweig kommt. Vorgesetzte legen nämlich gesteigerten Wert auf die Klassiker unter den Be-

nimm-Regeln, vom Grüßen und Türaufhalten bis zum sicheren Umgang mit Messer und Gabel. Kaufen Sie sich also einen von diesen überaus praktischen Benimm-Ratgebern. Er wird Sie nicht nur vor Fettnäpfen bewahren, sondern auch vor überflüssiger Fleißarbeit.

Ein seriöses Image ist Gold wert, nicht nur beim Chef, sondern auch bei Vermietern und Schwiegereltern. Also lohnt sich die Arbeit daran immer. Es sei denn, das Bild, das Sie von sich entwerfen, wird durch weniger seriöse Bilder von Ihnen auf Facebook, YouTube, MySpace etc. entwertet. Googeln ist schließlich Volkssport; per Internet Infos über einen neuen Kollegen zu suchen gehört quasi zum Job. Besonders für Vorgesetzte und Personaler. Die ziehen aus Angaben wie »Lieblingshobby: Rumgammeln« und Schnappschüssen vom Rauschausschlafen in Rio eher unvorteilhafte Schlüsse, die unter Umständen die Imagearbeit von Monaten durch ein paar Mausklicks zunichtemachen. Also denken Sie am besten gleich strategisch, verzichten Sie auf »spaßige« Selbstdarstellungen und erwähnen Sie lieber vorteilhafte Eigenschaften wie soziales Engagement und Sportlichkeit. Falls es dafür zu spät ist: Investieren Sie in eine Imagebereinigung und beauftragen Sie ein darauf spezialisiertes Unternehmen, kompromittierende »Jugendsünden« aus dem World Wide Web zu entfernen.

Erst der Eindruck, dann die Gewöhnung

An dieser Stelle muss es endlich mal gesagt werden: ein Hoch auf die Verhaltensforschung! Sie liefert Faultieren mindestens genauso viele Steilvorlagen wie die Schlafforschung. Allein die Erkenntnisse zum Thema »Imageerzeugung« sind unbezahlbar. In Kombination mit dem Wissen um die Macht der Gewohnheit bilden sie quasi die wissenschaftliche Grundlage für die in diesem Kapitel vorgestellte Faultierstrategie »Eindruck statt Einsatz«. Es ist nämlich so: Personen, die man nicht kennt, werden strenger beurteilt als Personen, die man kennt. Als kluges Faultier sorgen Sie aktiv dafür, dass man Sie kennt – zwar nicht unbedingt als Überflieger, aber dafür als sympathische Erscheinung. An die gewöhnen sich Kollegen und Chefs schnell. Allein deshalb, weil die Allgemeinheit das Gewohnte letztlich lieber mag als das Neue. Denn das Neue *könnte* zwar unter Umständen besser sein. Vielleicht aber auch schlechter und mühsamer. Eines ist der/die/das Neue auf alle Fälle: gewöhnungsbedürftig. Mit Ihnen hingegen hat man sich arrangiert. Es ist wie in einer Ehe – man kennt zwar Ihre schlechten Seiten, weiß aber auch, was man an Ihnen hat. Dieser Gewöhnungseffekt ist übrigens auch der Grund dafür, dass Vorgesetzte nach dem Weggang eines langjährigen Mitarbeiters oft keinen Unbekannten von außen in die Firma holen, sondern eine interne Lösung vorziehen. Nach dem Motto: Lieber vertrautes Mittelmaß ohne viel Anlaufprobleme als eine Wundertüte, in der am Ende vielleicht nichts drinsteckt.

Falls es Ihnen durch geschickte Imagepflege gelingt, sich beim Chef als fleißiger und zuverlässiger Mitarbeiter zu positionieren, steht dem verdeckten Faultiertum im Job nur noch ziemlich wenig im Wege. Bei »bekannt guten« Mitarbeitern hinterfragt der Vorgesetzte nämlich nur noch selten den Zeitaufwand, den sie zur Erledigung einer bestimmten Aufgabe benötigen. Er glaubt ihnen einfach, dass es nicht schneller geht.

Der Anschein von Zuverlässigkeit und wie man ihn geschickt erweckt

Chefgesichter strahlen, wenn sie von zuverlässigen Mitarbeitern schwärmen. Also schauen Sie zu, dass Ihr Chef auch Ihnen diese lobenswerte Eigenschaft attestiert. Das klingt anstrengender, als es ist. Denn erstens heißt »zuverlässig« nicht unbedingt, dass man alles immer sofort und brav erledigt – sondern nur, dass man gewissenhaft ankündigt, was man warum leiderleider zum vorgesehenen Termin nicht vollständig erledigen kann.

Und zweitens ist es gerade der Eindruck von Zuverlässigkeit, der Ihnen so manche Mühe erspart: »Sehr gewissenhafte Leute umgibt so etwas wie eine Aura, die bewirkt, dass sie besser scheinen, als sie wirklich sind.«[28]

Der Dienstweg ist der Jakobsweg des Arbeitsalltags. Er sorgt für meditative Ruhe abseits des hektischen Tagesgeschäfts.

Na bitte, von der Verpflichtung zum Dauerlauf im Hamsterrad mal wieder keine Spur. Stattdessen können Sie den Eindruck von Zuverlässigkeit recht bequem erzeugen durch:

- **Ordnung.** Ordnung halten kostet keine Kraft, sondern nur Zeit. Aber die ist gut angelegt. Denn wer vor lauter Arbeitsdruck keine Ordnung hält, kriegt nicht etwa Lob für seine Leistungen, sondern einen Anschiss, weil er nichts wiederfindet. Außerdem können Sie leicht beim Chef punkten, indem Sie immer gleich finden, was er schon seit Stunden sucht.
- **Sorgfalt.** Die können Sie besonders energiesparend dadurch demonstrieren, dass Sie immer neben dem Faxgerät stehen bleiben, bis der Sendebericht gedruckt wird (lohnend bei Serienfaxen!). Vertrauen Sie außerdem Akten nie der langsamen Hauspost an, sondern bringen Sie sie den Kollegen lieber selbst vorbei. Eine Gelegenheit, die sich hervorragend für eine »kurze Besprechung«, sprich: ein kleines Schwätzchen, nutzen lässt.
- **Notizen.** Wer grundsätzlich aufmerksam mitschreibt, wenn der Chef Arbeitsaufträge vergibt, kann sich durch diese kleine Anstrengung viel Mühe bei der eigentlichen Aufgabenerledigung und obendrein lästige Kontrollen ersparen. Denn er erringt allein durch sein sorgfältiges Mitschreiben den Ruf, seine Aufgaben stets sorgfältig zu erledigen.
- **Vorzeigeprojekte.** Manchmal reicht es für die gesamte weitere Faultierkarriere, ein einziges größeres Projekt souverän und zuverlässig gestemmt zu haben. Das ist zwar viel Arbeit, aber strategisch gesehen der Mühe wert.
- **Demonstrative Loyalität.** Wer loyal ist, dem schreibt man auch Zuverlässigkeit zu. Je mehr Sie sich also erkennbar mit Ihrer

Firma identifizieren, ihre Produkte verwenden, sie weiterempfehlen – desto weniger müssen Sie ackern, um als gewissenhaft zu gelten.

- **Die Einhaltung des Dienstwegs.** Der Dienstweg ist der Jakobsweg des Arbeitsalltags. Er sorgt für meditative Ruhe abseits des hektischen Tagesgeschäfts. Allein deshalb, weil er immer ewig dauert. So gesehen ist er ein wahres Geschenk für Faultiere. Wenn sie sich nur stoisch genug an den Dienstweg halten, Feedbacks einholen und Genehmigungen abwarten, können sie den Ball der Arbeitserledigung immer wieder erfolgreich ins gegnerische Feld schießen. Merke: »Das Kernstück der ›Dienst-nach-Vorschrift‹-Taktik ist es, die Abläufe im Unternehmen gegen die eigenen Gegner einzusetzen.«[29]

Die geheimen Sehnsüchte der Vorgesetzten

Sie dulden keinen Widerspruch, sie misstrauen ihren Untergebenen, sie glauben nicht an Motivation, sie führen sich auf wie amerikanische Armeeausbilder – und trotzdem möchten sie manchmal einfach nur gemocht werden. Dann suchen die Chefs Nestwärme. Um nach einer Attacke von *ihrem* Chef ihr angeknackstes Selbstbewusstsein im Kreise ihrer Schäfchen wieder aufzurichten oder sich vom harten Existenzkampf unter ihresgleichen zu erholen. In solchen Momenten will selbst TV-Horrorchef Bernd Stromberg unbedingt der fürsorgliche »Papa« der Abteilung sein. Und genau wie seine Kollegen in der realen Welt reagiert er verschnupft bis verunsichert, wenn seine Untergebenen auf den überraschenden Schmusekurs misstrauisch reagieren, ihren Chef bei *Insider-Jokes* außen vor lassen und in der Kantine Abstand halten.

Dieses Misstrauen ist verständlich. Trotzdem ist es unter Arbeitsvermeidungsgesichtspunkten lohnend, sich mit der Seelenlage des Vorgesetzten zu beschäftigen. Wenn Sie seine stillen Sehnsüchte kennen *und* geschickt bedienen, machen Sie sich für ihn unentbehrlich. Nicht leistungsmäßig, aber menschlich. Das klingt Ihnen jetzt dann doch zu sehr nach Schleimerei? Dann rufen Sie sich den klassischen Faultierpragmatismus ins Gedächtnis. Es geht im Job allen idealistischen Vorstellungen zum Trotz nicht um den aufrechten Gang, es geht ums möglichst stressfreie Überleben. Zur Schleimerei wird vorgesetztenfreundliches Verhalten erst, wenn Sie sich gleichzeitig *Ihren Kollegen gegenüber* unfreundlich verhalten. Ansonsten ist es nichts anderes als zuvorkommende Aufmerksamkeit. Diese wiederum ist ein Klassiker unter den Strategien, aus denen Vorgesetzte auf Empfehlung von Karriereratgebern ihre Laufbahn basteln. So gesehen ist es nur recht und billig, wenn Sie eben diese Strategie, die Ihr Chef im Umgang mit *seinem* Chef aus dem Effeff beherrscht, Ihrerseits zur Jobsicherung verwenden.

Denn das, was Macht-Theoretiker »Attraktivitätstechnik« nennen, sorgt nachweislich für beste Beziehungen. Man empfindet *automatisch* Personen als attraktiv, die einem Zuneigung, Achtung und Respekt entgegenbringen. Zudem umgibt man sich lieber mit Personen mit ähnlichen Werten und Einstellungen als mit solchen, deren Wertvorstellungen von den eigenen stark abweichen. Ähnlich denkende Menschen vermitteln einem das Gefühl innerlicher Stärkung.[30] Das heißt im Klartext: Wenn Ihr Chef denkt, dass Sie ihn respektieren und allen gelegentlichen Streitereien zum Trotz ähnlich ticken wie er, wird er Sie reflexhaft zu seiner Elitetruppe zählen. Und wer da erst mal hinbefördert wurde, der hat fast ausgesorgt.

Umgekehrt spüren die meisten Menschen, also auch Vorgesetzte, wenn ihr Gegenüber sie insgeheim ablehnt. Für die inneren Emigranten unter den Faultieren kann das zum Problem werden, denn die tiefsitzende Enttäuschung über ihre Chefs hat sie ja erst zu dem gemacht, was sie sind. Falls auch Sie zu dieser Subspezies der Bürofaultiere gehören, versuchen Sie, Ihre Abneigung in den Griff zu bekommen. Will sagen: sie als nicht sinnvoll zu erkennen und aktiv abzubauen, anstatt sie nur immer wieder widerwillig runterzuschlucken. Das ist nämlich sehr unpraktisch, sehr anstrengend und sehr ungesund.

Die hohe Kunst der zuvorkommenden Aufmerksamkeit

Standesgemäße Bewunderung vonseiten der Untertanen weckt seit Jahrhunderten das Wohlgefallen der kleinen Könige unter den Vorgesetzten. Wenn ein Mitarbeiter seine tiefempfundene Ehrfurcht vor seiner Majestät nur einfallsreich genug zum Ausdruck bringt, ist seine fachliche Leistung fast schnurz. Der Chef ist viel zu sehr mit sich selbst beschäftigt, um die mehr als nur ansatzweise wahrzunehmen. Aus diesem Umstand lässt sich ein wertvoller Merksatz ableiten: »Ihr Leuchten ergibt sich daraus, dass Sie Ihrem Chef helfen zu erstrahlen, nicht daraus, dass Sie ihn überstrahlen.«[31]

Zur Leuchte werden allein dadurch, dass der Chef erstrahlt – das ist einfach genial. Und genial einfach. Doch plumpes plattes »Dem-Chef-nach-dem-Mund-Reden« stößt bei den Kollegen auf Missfallen, und das zu Recht. Bürofaultiere kultivieren daher ausschließlich die raffinierten Formen der zuvorkommenden Aufmerksamkeit: Fangen wir mit dem großen Bereich der Komplimente an. Chefs sind dafür sehr empfänglich, schon allein deshalb, weil unter ihresgleichen Anerkennung so selten ist wie Regen in der Wüste. Da ist ein gelegentliches »Also wirklich, Chef, das haben Sie mal wieder toll hingekriegt!« Balsam für jede Vorgesetztenseele. Jedenfalls wenn Betonung und bewundernder Blick für die Aufrichtigkeit Ihres Kompliments sprechen.

Ein gelegentliches »Also wirklich, Chef, das haben Sie mal wieder toll hingekriegt!« ist Balsam für jede Vorgesetztenseele

Ähnlich gut, wenn nicht noch besser, wirken indirekte Komplimente, etwa der Sekretärin gegenüber: »Dr. Mayer hat in der Sitzung mal wieder allen gezeigt, wo's langgeht – super, so was!« Auch indirektes Lob in Briefen und E-Mails an / Telefonaten mit Geschäftspartnern und Kollegen findet garantiert immer seinen

Weg zum Adressaten: »Auf Vorschlag von (Chef) werden wir …«, »Von (Chef) stammt die Idee, dass …«, »Wie (Chef) in der Sitzung vom … vorschlug …«. Falls Ihnen das alles zu dick aufgetragen ist, können Sie die Authentizität Ihrer Schmeichelattacken erhöhen, indem Sie zum Schein das Für und Wider der Chef-Großartigkeit abwägen: »Am Anfang war ich ja zugegebenermaßen ganz anderer Meinung als (Chef). Aber ich muss sagen, mit seinem Argument (passendes bitte einfügen) hat er mich dann doch überzeugt.«

Weitere Tipps und Tricks in Sachen Vorgesetzten-Bewunderung:

- **Reden Sie demonstrativ von »mein Chef«** anstatt von Dr. Mayer, das verschafft den Dr. Mayers dieser Welt immer ein wohliges Machtgefühl. Ähnlich positive Wirkung hat ein in strategisch günstigen Momenten eingesetztes »Darüber muss ich erst mit meinem Vorgesetzten sprechen«.
- **Schauen Sie stets sehr interessiert,** wenn der Chef einen seiner berühmten Monologe hält. Der wahrgenommene Bewunderungsgrad lässt sich noch steigern, wenn Sie sich seine goldenen Worte gelegentlich heftig nickend notieren.
- **Lesen Sie immer alles,** was aus seiner Feder stammt und was über ihn in Presse und Fachpresse steht. Sprechen Sie ihn bei Gelegenheit bewundernd darauf an.
- **Spendieren Sie Ihrem Vorgesetzten** wie nebenbei gute Ideen, gute Argumente und gute Initiativen, mit denen er sich hemmungslos ins Rampenlicht stellen kann, weil er Sie als bescheidenen Mitarbeiter kennt. Und entsprechend schätzt.
- **Beugen Sie sich in Fachdiskussionen** am Ende einsichtig der Meinung Ihres Vorgesetzten. Und zwar auch dann, wenn er die Ansicht vertritt, dass die Erde eine Scheibe ist.

Und dann gibt es da noch die Strategie der kleinen Wohltaten für den Chef. Sie verbinden das Nützliche einer positiven Imagebildung mit dem Angenehmen eines energiesparenden Zeitvertreibs. Denn alles, was Sie aufopferungsvoll für das persönliche Wohlergehen Ihres Vorgesetzten tun, kostet Zeit. Arbeitszeit. In der Sie leiderleider nicht an Ihren Projekten weiterarbeiten können, weil Sie nun mal im Auftrag des Herrn unterwegs sind. Hier einige nützliche Anregungen: Chef-Pflanzen pflegen, für Chef Besorgungen machen, Chef bei fachlichen Problemen diskret weiterhelfen, Chef zuhören, wenn er was auf dem Herzen hat, alles stehen und liegen lassen, um Chef in Stress-Situationen zu umsorgen, Chef regelmäßig mit neuen Web-Adressen zu seinen Hobbys versorgen. Und natürlich: Chef mit der größten Selbstverständlichkeit Kaffee vorbeibringen. Jedenfalls wenn er zu denen gehört, die solche Gesten der Dienstbarkeit zu schätzen wissen. Sie gehören zu denen, die es *hassen*, dem Chef regelmäßig Kaffee zu bringen? Dann möglichst schnell weg mit diesem emotionalen Ballast. Vielleicht ist Kaffeekochen tatsächlich eine ritualisierte Unterwerfungsgeste, ein Machtspielchen der Vorgesetzten. Es ist aber immer auch eine Gelegenheit, zehn Minuten verträumt neben der Espressomaschine zu stehen und sich eine kleine meditative Pause zu gönnen.

Kapitel 8

Gut getarnt ist halb gewonnen

»›Wichtig‹ ist am Ende auch egal.«

BERND STROMBERG

Der Mitarbeiter als Dekorateur

Im Job ist es letztlich genauso wie im Laden: Gekauft wird oft nicht das qualitativ Beste, sondern das, was am ansprechendsten präsentiert wird. Form vor Inhalt. Also arbeiten Sie an *Ihrer* Präsentation. Die fängt mit Ihrem Arbeitsplatz an. Fast alle Chefs ziehen aus dessen Aussehen unwillkürlich Rückschlüsse auf die Arbeitsqualität ihrer Untergebenen. Das heißt im Klartext: Eine Arbeit, die von einem Mitarbeiter mit chaotischem Schreibtisch voller Zettel, eselsohriger Akten, Kaffeekränze und Kekskrümel stammt, wird immer schlechter eingestuft als *dieselbe* Arbeit, wenn sie von einem Mitarbeiter abgeliefert wird, dessen Schreibtisch aufgeräumt ist.

Ein cleveres Faultier wird daher viel Sorgfalt auf die zielgruppengerechte Gestaltung seines Arbeitsplatzes verwenden. Dieser sollte einen organisierten Eindruck machen und im Idealfall dezent Überarbeitung andeuten. Ein- und Ausgangskörbe sowie Ablageschalen dürfen ruhig voll sein. Die Stapel sollten immer so akkurat geschichtet aussehen, dass sofort klar wird: Hier muss jemand mit gewaltigen Arbeitsmengen kämpfen, aber er hat die Lage voll im Griff. Zumal er sich erkennbar nur auf seine Arbeit konzentriert: Familienfotos, Ferienandenken und andere Hinweise auf ein existierendes Privatleben sind weit und breit nicht zu sehen, da diese Deko von Vorgesetzten als unprofessionell eingestuft wird. Die Ordner sollten einheitlich mit gedruckten Etiketten beschriftet sein – eine beschauliche Tätigkeit, mit der sich viel Arbeitszeit verbringen lässt. Auch ein Regal mit Zeitmanagement- und Karriereratgebern macht sich immer gut. Es versteht sich von selbst, dass der Bildschirm nicht einsehbar sein sollte. Sollten Sie dafür den Schreibtisch umstellen müssen, lässt sich dies sehr gut mit den Regeln des Feng Shui am Arbeitsplatz begründen. Wichtig ist auch der Eindruck von Sauberkeit. Hier sind Telefonhörer und PC-Tastatur besonders erwähnenswert. Beide werden nämlich von den Reinigungsteams eher selten gesäubert. Eine schöne Chance für jedes Faultier: Tastaturputzen ist eine angenehm anspruchslose Tätigkeit, die jedoch von sorgsamem Umgang mit Firmeneigentum zeugt und daher von Chefs mit Wohlwollen zur Kenntnis genommen wird.

Gestalterische Sorgfalt ist auch für alle Dokumente angesagt, die Ihren Schreibtisch verlassen. Mit top gestalteten Briefen, Berichten, Memos und Aktennotizen führen Sie erfolgreich alle hinters Licht, die immer noch glauben, Faultiere an Schlampigkeit im Schriftverkehr erkennen zu können. Also achten Sie auf Rechtschreibung, Punktgröße, Schriftauswahl. Und vor allem auf die richtige Länge Ihrer Dokumente. Gehen Sie auf maximale Ausdehnung, am besten durch die Verzierung mit schicken Verlaufskurven, Tabellen und Tortendiagrammen. Solch ein Aktenschmuck kann Ihnen viel echte Denkarbeit ersparen. Ein weiterer Pluspunkt: Alles, was aus mehr als zwei Seiten besteht, lesen die meisten Chefs sowieso nicht.

Alles, was aus mehr als zwei Seiten besteht, lesen die meisten Chefs sowieso nicht

Abschließend sei an dieser Stelle die Präsentation per PowerPoint erwähnt. Diese Technik wurde geradezu für Faultiere erfunden. Mit ihr lässt sich auf vorbildliche Weise wenig Inhalt trendig aufbereiten. Und das unter den bewundernden Blicken älterer Chefs, die in der Regel keine Ahnung haben, wo sich das Programm auf ihren PCs versteckt. Geschweige denn, wie es funktioniert.

Arbeitsorganisation by Faultier

Die Evolution des Bürofaultiers hat eine ganze Reihe effizienter Strategien der Arbeitsorganisation hervorgebracht. Hier die wichtigsten auf einen Blick:

- **Zwischenbescheide und Statusberichte.** Es handelt sich um eine Vertröstungstaktik. Sie signalisiert: »Ich arbeite dran, hab auch schon viel geschafft, bin aber noch nicht ganz fertig.« Dadurch werden bohrende Fragen nach der Fertigstellung einer Arbeit erfolgreich vermieden.
- **Beschäftigungstherapie.** Immer die passende Antwort auf mündliche Anfragen: »Schicken Sie mir doch bitte erst mal eine kurze E-Mail / ein paar Unterlagen, die ich an meinen Chef weiterleiten kann« und »Könnten Sie mir Ihr Anliegen bitte kurz schriftlich reinreichen?« Das Ergebnis: Der andere hat zu tun, und Sie haben wieder Ihre Ruhe. Insofern ist auch der Verweis auf die Firmen-Website immer eine gute Idee: »Besuchen Sie uns im Internet, da finden Sie alle Infos, die Sie brauchen.«
- **Wiedervorlage.** Hier können Sie Aufgaben mehrfach erfolgreich zwischenlagern. Sie bearbeiten sie gemütlich scheibchenweise – immer so lange, bis Sie nicht mehr weiterkommen und die Arbeit bedauerlicherweise zurückstellen müssen. Weil Sie noch auf eine E-Mail warten. Weil Sie jemanden telefonisch noch nicht erreicht haben. Oder weil das Druckerpapier alle ist.
- **Prioritätensetzung.** Dabei zeigt sich, was sofort erledigt werden muss – aber auch, was Gott sei Dank ohne schlechtes Gewissen liegenbleiben kann. Entweder, Sie erfahren in der Zwischenzeit mehr über die Aufgabe und können Sie später besser erledigen. Oder aber sie hat sich mit der Zeit von selbst erledigt. Was erfreulich oft vorkommt.
- **Vertikale Ablage.** Vulgo: Papierkorb. Endlagerung aller Dokumente, die es aus der Wiedervorlage leider nicht mehr zurück auf den Schreibtisch schaffen. Hier lautet die Gewissensfrage: »Was passiert, wenn ich das hier unauffällig entsorge?« Sofern

die Antwort, wie so häufig, »nix« lautet, können Sie ruhig Ihren persönlichen Beitrag zur Altpapierverwertung leisten.

- **Strategische Unübersichtlichkeit.** Wenn Sie bei aller demonstrativen Ordnungsliebe letztlich trotzdem der Einzige sind, der im Ihnen anvertrauten Arbeitsbereich so richtig durchblickt, dann sind Sie allein dadurch so gut wie unentbehrlich. Ein fleißiger Kollege, der seine Arbeit so transparent gestaltet, dass sich jede Fachkraft in zwei Tagen einarbeiten kann, ist hingegen austauschbar. Da warnen sogar die Karriereexperten: »Zu viel Transparenz kann sich durchaus nachteilig auf Ihren Marktwert auswirken.«[32]
- **Seriöse Schätzungen.** Bürofaultiere schätzen den Zeitaufwand für bestimmte Aufgaben dem Chef gegenüber grundsätzlich großzügiger ein als erforderlich. Die Zeitspanne zwischen der (in der Regel erstaunlich schnellen) Erledigung und dem angekündigten Fertigstellungstermin lässt sich als Freizeit verbuchen. Besonders clevere Faultiere präsentieren die Arbeitsergebnisse trotzdem etwas früher als ausgemacht und punkten so durch vorbildlichen Fleiß.
- **Wort oder Schrift?** Ein Faultier weiß, wann eine schriftliche Notiz vonnöten ist. Etwa, wenn der Chef Unsinn befiehlt und das Faultier gehorcht, weil das am bequemsten ist. Es weiß aber auch genau, dass mündliche Vereinbarungen die Strategie der Wahl sind, wenn es darum geht, sich nicht auf Versprechen, Verpflichtungen und Termine festnageln zu lassen.

Der aufmerksame Leser wird in dieser Liste das »Blöd-Spiel« vermissen: Man stelle sich nur blöd genug an, dann wird man in Zukunft von allen schwierigen Aufgaben verschont. Weil Chefs und Kollegen die Arbeit lieber gleich selbst machen. Das Blöd-Spiel gilt als typische Faultierstrategie – es wird jedoch nur von gemeinen Faultieren angewandt. Alle anderen Bürofaultiere lehnen es wegen mangelnder Fairness den Kollegen gegenüber grundsätzlich ab. Oder aber sie beschränken seinen Einsatz auf geltungssüchtige Vorgesetzte, die sowieso nur auf Gelegenheiten lauern, »unfähigen« Untergebenen ihr Genie zu demonstrieren.

Business Talk statt Business

Früher hatte Sprache viel mit Inhalt zu tun. Informieren, Ideen vorstellen, diskutieren und so. Aber das ist lange her. Heute dient Sprache im Wesentlichen der Verpackung. Sie wird benutzt, um 1) der Persönlichkeit des Redners durch hippen Business-Slang den Anschein von Weltläufigkeit zu verleihen und um 2) mit vielen Worten möglichst wenig zu sagen. Denn klar erkennbare Inhalte bringen nur Ärger oder Arbeit oder beides. Führungskräfte haben das früh erkannt und es in der hohen Kunst der Verpackung inhaltsleerer Aussagen erstaunlich weit gebracht. Was für ihre Untergebenen einen ganz wesentlichen Vorteil mit sich bringt. Sie müssen nicht etwa einen Volkshochschulkurs besuchen, um die Kunst der Eloquenz zu erlernen. Sie erhalten quasi eine kontinuierliche *In-house*-Fortbildung: jede Sitzung, jedes Meeting eine kleine Schwafelschule, aus der sich viele wertvolle Lehren ziehen lassen. Für Faultiere, denen das zu mühsam und/oder zu langweilig ist, folgt an dieser Stelle ein Crashkurs über das *Trio genial* der Rhetorik am Arbeitsplatz:

1. **Geschickte Wortwahl.** Denglisch ist ein *Must*, schon allein, weil sich dadurch solide Kenntnisse in Business English vortäuschen lassen. Wer seine Kommunikation nur großzügig genug mit *deadlines, benchmarks, performances, messages, targets, hypes, conference calls* und *briefings* sprenkelt, wer souverän *downloadet, outsourct, fixt, dealt* und *after hours relaxt*, der wirkt so, als ob er auch fachlich immer am Puls der Zeit sei, wenn nicht gar seiner Zeit voraus. Gleiches gilt für die Verwendung deutschen Designervokabulars wie Synergie, Effizienz, Paradigmenwechsel, Visionen, Mission, Risikomanagement, strukturell, integrativ, innovativ, interaktiv, tagesaktuell, suboptimal, zielorientiert. Faultiere können dieses überaus nützliche Vokabular übrigens spielerisch beim Bullshit-Bingo erlernen. Es wird im Internet in zahllosen Varianten angeboten und kann sowohl online am eigenen Schreibtisch gespielt werden als auch mit ausgedruckten Spielformularen live in Meetings.

2. **Erfolgreich von der Arbeit *reden*.** Die weitverbreitete Methode des Eigenlobs lässt sich durch ein paar Tricks deutlich optimieren: Wenn Sie sich selbst nur hartnäckig genug mit leidender Miene als Perfektionist darstellen, wird man erstaunlicherweise irgendwann auch glauben, dass Sie Ihre Arbeit stets perfekt erledigen. Wenn Sie einen eigentlich simplen Job mit ausreichend Skepsis garnieren (»wird schwierig«, »nicht sicher, ob das hundertprozentig klappt«, »vielleicht waren wir zu optimistisch«, »der Kunde zickt noch«, »ich denke, wir haben einen Konkurrenten«), strahlt Ihr Stern umso heller, wenn Sie am Ende *mission accomplished* melden. Und wenn Sie Ihrem Chef in diesem Moment des Ruhms beibringen, dass aufgrund der großen Anstrengung leider ein paar andere Sachen liegenbleiben mussten, können Sie so gut wie sicher sein, dass er die Kröte schluckt: Da er Sie gerade erst für Ihren vorbildlichen Einsatz gelobt hat, kann er Sie jetzt unmöglich wegen ein paar unerledigter Lappalien zusammenfalten.

Wenn Sie sich selbst mit leidender Miene als Perfektionist darstellen, wird man irgendwann auch glauben, dass Sie Ihre Arbeit stets perfekt erledigen

3. **Jammern.** So schlagen Sie zwei Fliegen mit einer Klappe: Durch Jammern über unüberschaubare Arbeitsmengen, unerträglichen Druck, unzählige Überstunden und beginnende Burn-out-Symptome demonstrieren Sie schier übermenschliche Aufopferungsbereitschaft, Fleiß und persönliches Engagement. Und mit dem Jammern über chaotische Dienstwege und tödliche E-Mail-, SMS- und Anruferfluten machen Sie gleichzeitig diskret plausibel, warum Sie allem Fleiß und aller Aufopferung zum Trotz mit Ihrer Arbeit nur recht schleppend vorankommen. Merke: Wer nur oft genug sagt, dass er voll im Stress ist / langsam die eigenen Grenzen spürt / mal wieder von einem Meeting zum nächsten hetzen muss / gar nicht weiß, wie er das alles schaffen soll – der kann sich mit sorgenvoller Miene hinter seinen Schreibtisch verziehen (noch besser: ins eigene Büro) und erst mal entspannen. Denn kaum jemand wird sich trauen, einen so hart arbeitenden Mitarbeiter in sei-

ner Konzentration zu stören. Die Wirkung dieser Strategie können Sie übrigens noch bedeutend verbessern, wenn Sie sich angesichts der ganzen Arbeitslast nicht etwa wütend geben, sondern nur frustriert, traurig und müde.

Es ist alles eine Sache der Darstellung

Wer sich schon mal mit einem Steuerprüfer herumschlagen musste, der weiß: Eine Menge Dinge werden akzeptiert, wenn nur die Begründung nachvollziehbar ist. Im Job ist das ähnlich. Chefs zeichnen sich im Umgang mit ihren Untergebenen durch chronisches Misstrauen aus – aber wenn die Untergebenen für ein bestimmtes Tun oder Lassen eine glaubwürdige Rechtfertigung (sprich: Ausrede, Notlüge) vorbringen können, kommen sie damit erstaunlich oft durch.

Für die Kreativen unter den Faultieren empfiehlt sich aus diesem Grund die regelmäßige Lektüre des Wirtschaftsteils großer Zeitungen. Dort wird häufig von Studien und Forschungsergebnissen berichtet, die sich ausgezeichnet als Begründung verwenden lassen, wenn sie bei einem nicht ganz vorschriftskonformen Verhalten erwischt werden. So haben Forscher zum Beispiel festgestellt, dass die kurzzeitige Beschäftigung mit einem persönlichen Hobby die Kreativität am Arbeitsplatz fördert. Vor schwierigen Sitzungen könne man sich sogar durch kurzes Eintauchen ins Privatvergnügen ganz gezielt einen Energieschub holen. Musikalische Divertimenti per iPod und Surfausflüge zu den besten Schnorchelrevieren der Karibik finden im Lichte dieses Forschungsergebnisses ausschließlich zum Wohle der Firma statt. Das Gleiche gilt für Computerspiele: Hier haben die Forscher nachgewiesen, dass Mitarbeiter, die langwierige und eintönige Schreibtischaufgaben bearbeitet haben, sich auf Folgearbeiten besser konzentrieren können, wenn sie sich zwischendurch am PC amüsieren. Na also.

Die Pausenforschung hat dankenswerterweise klargestellt, dass die meisten Menschen sich nicht länger als neunzig bis 120 Minuten am Stück konzentrieren können. Danach ist erst mal Schluss mit Leistung. Zum Schutz des Hirns vor Überlastung muss erst mal eine gut zwanzigminütige Erholungsphase folgen, bevor man wieder mental durchstarten kann. Dass die besten Ideen nicht etwa kommen, wenn man pflichtversessen am Schreibtisch hockt, sondern eher bei entspannenden Tätigkeiten in angenehmer Umgebung, ist seit längerem bekannt und rechtfertigt daher Kurzausflüge in Cafeterias und firmeneigene Parkanlagen. Ein erfindungsreiches Faultier kann sogar moderne Management-Theorien kreativ adaptieren. So sind viele Vorgesetzte begeisterte Anhänger von *Management by Walking around*. Dadurch lässt sich die betriebsinterne Kommunikation verbessern und ganz nebenbei viel *Quality Time* fern des Schreibtisches verbringen. Ein Vorteil, den auch Sie nutzen können. Alles, was Sie dazu brauchen, ist eine glaubwürdige Begründung: »Ich bin kurz drüben, um mit dem Kollegen Maier mal unter vier Augen zu sprechen«, »Ich muss dem Admin mal an seinem Bildschirm erklären, wo das Problem liegt«, »Die in der Hausdruckerei sind mit den Kopien immer noch nicht fertig, ich muss wohl mal persönlich hin und schauen, was da los ist«.

Womit wir langsam beim kreativen Umgang mit der Wahrheit angekommen sind. Gemeine Faultiere zeichnen sich hier oft durch einen entlarvenden Einfallsmangel aus. So antworten sie auf Bitten, Sonderwünsche und Fragen gerne »Ist nicht mein Aufgabenbereich«, »Alles zu seiner Zeit«, »Weiß ich nicht«, »Keine Ahnung« oder »Hier gibt's keine Extrawurst«. Was alles ausgesprochen ehrlich ist, aber unter strategischen Gesichtspunkten viel ungeschickter als »Ich werde mich für Sie kundig machen«, »Ich kümmere mich sofort darum«, »Für *Sie* mach ich das doch gerne« und »Das kriegen wir schon hin«. Auch das Aussagen, die nicht unbedingt der Wahrheit entsprechen, aber trotzdem mit Bonuspunkten für Flexibilität und Freundlichkeit belohnt werden.

Größeres Wohlwollen lässt sich eigentlich nur noch mit kurzfristigen Terminabsagen erzielen. Mit kleinen Notlügen wie »Ich muss überraschend zu einer Sitzung«, »Ich krieg sonst den Quartalsbericht nicht rechtzeitig fertig« oder einfach »Mir ist was Superwichtiges dazwischengekommen« können Sie sich elegant ein Stückchen unverplante Zeit verschaffen. Vor allem aber machen Sie Ihre Terminpartner glücklich: Auch die haben durch Ihre Absage unverhofft das eine oder andere Stündchen herrliche Freizeit zur beliebigen Verfügung.

Sitzen für den Seelenfrieden: Besprechungen und Meetings

Vor einigen Jahren hat eine große internationale Unternehmensberatung systematisch Sitzungen untersucht. Das Ergebnis kommt für erfahrene Sitzungsteilnehmer nicht wirklich überraschend: Besprechungen sind größtenteils sinn- und zwecklose Quasselrunden, bei denen schlecht vorbereitete Teilnehmer Monologe ohne Ziel und Zeitbegrenzung halten. Für Fleißarbeiter sind Meetings daher ein Alptraum, eine einzige große Zeitverschwendung. Für Faultiere hingegen sind sie einfach wunderbar. Und das nicht nur, weil es da immer so leckeres Konferenzgebäck gibt. Sondern vor allem, weil sich im wogenden Auf und Ab der Redebeiträge ein meditativer Dämmerzustand einstellt. In diesen können insbesondere nachrangige Faultiere ungestraft abgleiten. Ihre Wortbeiträge interessieren sowieso niemanden und würden im schlimmsten Fall sogar Alphatierchen im Duell mit ihresgleichen verärgern. Da bietet sich eine Übungseinheit autogenes Training geradezu an. Innere Ruhe und Ausgeglichenheit fördern schließlich die Produktivität des Mitarbeiters und nützen so dem Arbeitgeber.

Falls Sie zu den Sitzungsteilnehmern gehören, von denen unglücklicherweise ein wie auch immer gearteter Input erwartet wird, haben Sie immerhin diverse Strategien der Aufwandsbegrenzung zur Verfügung. Im Hinblick auf perfekte Tarnung ist die »Kontrasttechnik«[33] besonders empfehlenswert. Damit können Sie Ihre Wortbeiträge in den Rang Einstein'scher Intelligenzblitze heben –

wenn Sie nur abwarten, bis bei den anderen Teilnehmern kurzfristig Flaute herrscht. Gemeine Faultiere und Vorgesetzte machen nichts anderes, wenn sie gegen Ende einer Diskussion die stichhaltigsten Argumente zusammenfassen, als die ihren ausgeben und dafür im Protokoll mit Lorbeer umkränzt werden.

Die Kontrasttechnik lässt sich jedoch subtiler und vor allem ohne jeden Ideenklau verfolgen. Zum Beispiel, indem Sie in Meetings als Erster wieder etwas sagen, wenn gerade das große Schweigen ausgebrochen ist. Indem Sie sich putzmunter und konzentriert geben, wenn alle erkennbar in den Seilen hängen. Und indem Sie Ihre eigenen Ideen gezielt dann zur Sprache bringen, wenn gerade längere Zeit nichts Vernünftiges gesagt wurde. Oder Ihr Vorredner ein Nörgler und Bremser war, der für seine langatmigen Wortbeiträge allseits gefürchtet ist.

Meetings sind für Faultiere einfach wunderbar. Im wogenden Auf und Ab der Redebeiträge stellt sich ein angenehmer meditativer Dämmerzustand ein.

Etwas aufwändiger, aber dafür raffiniert ist die Protokollstrategie. Sie kommt immer dann in Frage, wenn es nicht um ein Verlaufsprotokoll geht (zu viel Arbeit), sondern nur um ein Ergebnisprotokoll. Wenn Sie es schreiben, ist es mit dem Meditationsstündchen zwar Essig, weil Sie die ganze Zeit aufmerksam zuhören müssen. Dafür erwartet aber niemand auch nur einen einzigen Wortbeitrag von Ihnen. Und das Beste kommt zum Schluss: Weil alle Ihnen so unendlich dankbar dafür sind, dass Sie sich in Sachen Protokoll geopfert haben, wird garantiert keiner den Zeitaufwand für diese verantwortungsvolle Tätigkeit hinterfragen. Was bedeutet, dass Sie viele schöne Stunden lang den Anrufbeantworter einschalten und die Tür zu Ihrem Büro schließen können. Um dort ratzfatz das olle Protokoll runterzuschreiben und sodann zu diversen Freizeitaktivitäten überzugehen.

Um eine ähnliche Mischkalkulation aus Bemühung und Belohnung handelt es sich beim gut getimten Abschied: Erscheinen Sie mit geschäftiger Miene bereits kurz vor Sitzungsbeginn. Demonstrieren Sie beim typischen Smalltalk, mit dem sich die Pünktlichen (sprich: Fleißigen, Korrekten, siehe Kapitel 7) das Warten auf die Unpünktlichen vertreiben, in einigen beiläufig eingeflochtenen Bemerkungen, wie gut Sie auf die Tagesordnung vorbereitet sind. Teilen Sie dem Sitzungsleiter angesichts des unpünktlichen Beginns mit, dass Sie leider noch andere dringende Verpflichtungen haben und daher die Sitzung in spätestens vierzig Minuten verlassen müssen. Das zeugt von Ihrem Verantwortungsgefühl für das große Ganze. Wenn der Sitzungsleiter Wert auf Ihre Beiträge legt, kann er die Themen des Tages ja bis dahin durchpeitschen. Aber keine Angst, das wird nicht passieren, und Sie dürfen dem Trauerspiel wie angekündigt den Rücken kehren. So können Sie sich ungestört erholen – alle Leute, die Sie nerven könnten, sitzen schließlich noch im Meeting fest –, und obendrein entgehen Sie zielsicher der traditionellen Aufgabenverteilung am Ende jeder Sitzung. Da diese Strategie wie alle anderen Faultierstrategien nicht jedes Mal angewendet werden kann, sollten Sie sie variieren. Zum Beispiel, indem Sie in bewährter Vorgesetztenmanier dafür sorgen, nach einiger Zeit einen »dringenden Anruf« zu erhalten, der Sie leider dazu zwingt, die Sitzung überstürzt zu verlassen.

Die stillen Freuden der modernen Bürotechnik

Laptops, E-Mails, Mobiltelefone, Blackberrys & Co. garantieren die totale Erreichbarkeit und sind damit eine tödliche Bedrohung für Faultiere aller Art. Theoretisch jedenfalls. In der Praxis eröffnet ausgerechnet die moderne Technik den friedlichen Gesellen zahlreiche Möglichkeiten, sich vor ihren Fressfeinden zu verbergen. Zunächst einmal deshalb, weil die Technik bekanntermaßen störungsanfällig ist. Was Faultieren ein beachtliches Spektrum absolut glaubwürdiger Arbeitsvermeidungsgründe bietet. So lässt sich durch ein bedauerndes »Du, mein Akku ist gleich leer« jedes

Handy-Telefonat, das in Arbeit auszuarten droht, abrupt beenden. »Ich habe diese Mail nie erhalten«, »Wissen Sie, wir hatten kürzlich Serverprobleme, da sind ein paar Daten verlorengegangen«, »Beim letzten Backup gab es eine Panne«, »Ich kann Ihre Anlage nicht öffnen«, »Meine Voicemail muss kaputt sein«: allesamt triftige Argumente, die vor Vorwürfen schützen. Wenn eine Nachricht gar nicht erst ankommt, kann sie schließlich unmöglich bearbeitet werden. Besonders klug ist in diesem Zusammenhang übrigens der diskrete Hinweis auf ein »neulich aufgetretenes Virenproblem«. Es wird ängstliche Computernutzer für lange Zeit davon abhalten, Ihre E-Mails mitsamt ihrer Anlagen zu öffnen. Womit Sie den Schwarzen Peter für Unerledigtes elegant weitergegeben hätten.

Die »strategische Verzögerung« ist inzwischen ein überall bekannter Klassiker der Arbeitsvermeidung. Sie kommt daher für fortgeschrittene Faultiere nicht in Frage; Anfänger erzielen mit ihr jedoch immer noch beachtliche Erfolge. Hier kurz die beliebtesten Tricks: die Funktion »automatische E-Mail-Verzögerung«, mit der sich der Versand von (in der Kernarbeitszeit geschriebenen) E-Mails auf Uhrzeiten nach Mitternacht oder vor Morgengrauen einstellen und so der Eindruck erfreulicher Arbeitssucht erwecken lässt; Rückrufe in der Mittagszeit, montagmorgens oder freitagnachmittags, wenn garantiert nur der Anrufbeantworter rangeht; eine kurze Bitte um Rückruf anstelle einer langen Nachricht voller detaillierter Informationen. Und natürlich mustergültig schnelle Antworten auf eingehende E-Mails. Die allerdings nicht in der Sache selbst beantwortet werden, sondern nur den Eingang der Nachricht bestätigen und baldige Erledigung in Aussicht stellen. Selbstverständlich ohne Terminangabe.

Da es das Telefon schon wesentlich länger gibt als den Computer, haben sich hier bereits einige allgemein anerkannte Codes und Verhaltensnormen herausgebildet, die in ihrer Gesamtheit auf kollektive Arbeitsvermeidung hinauslaufen. So ist es inzwischen gängige Praxis, das Telefon klingeln zu lassen, bis der AB anspringt, wenn man die Nummer nicht kennt oder aber mit dem Anrufer nicht reden will. Genauso üblich ist es, unwichtige Personen einfach nicht zurückzurufen. Wenn die dann Wochen später zufällig zu Ihnen durchdringen, können Sie sich ohne Angst vor Enttarnung problemlos mit allgemein akzeptierten Notlügen rausreden wie »Ich hab schon versucht, Sie zu erreichen«, »Sie stehen auf meiner Liste ganz oben«, »Gut dass Sie anrufen, ich hab da noch eine Frage«. Oder aber, etwas einfallslos, aber im Zeitalter von Anklopffunktion und Dritthandy immer glaubwürdig: »Kann ich Sie gleich zurückrufen, da kommt gerade ein Anruf auf der anderen Leitung.«

So viel zu den *Oldies but Goldies* der Telekommunikation. Die kreative Nutzung der neuen Techniken ist natürlich deutlich origineller. So kann man ab einer gewissen Hierarchiestufe in gemeinsam verwaltete Terminkalender wunderbar »Nicht Stören«-Zeiten für so vielseitig auslegbare Verpflichtungen wie »Vorbereitung«, »Nachbereitung«, »konzeptionelle Arbeit«, »Brainstorming« und »Follow up« eintragen. Gemeinsam verwaltete Dateiverzeichnisse sind es auch, die eine wirklich perfekte, weil unerhört wirklichkeitsnahe Begründung für Unerledigtes liefern: »Der Ordner ist so was von chaotisch / veraltet / unvollständig, dass ich ewig suchen musste, um die aktuelle Vertragsversion zu finden!« Ein weiterer Tipp: Der strategische Einsatz eines Headsets sieht nicht nur professionell aus, er ist auch sehr gut geeignet, um überraschend reinplatzende Chefs, Besucher und andere Störenfriede blitzschnell abzufertigen. Sagen Sie einem imaginären Gesprächspartner einfach entschuldigend und gut verständlich »Einen Moment bitte, hier kommt gerade jemand rein …«, und Ihr Besuch weiß gleich, dass Sie leider überhaupt keine Zeit für ihn haben.

Die mit Abstand cleverste Faultierstrategie im Bereich der modernen Bürotechnik stellt jedoch die unverhüllte Nichterreichbarkeit dar, die ja auch zum Besten der Firma ist. Schließlich weiß heute jeder, dass der Dauerbeschuss durch E-Mails und Anrufe die Leistungsfähigkeit der Mitarbeiter erheblich beeinträchtigt. Da können Auto-Reply-Funktionen und Anrufbeantwortertexte helfen, überlebensnotwendige Grenzen zu ziehen: Sehr geehrte Kollegen und Geschäftspartner, wegen hoher Arbeitsbelastung beantworte ich meine Mails derzeit nur zweimal täglich, nämlich um 12 h und um 16 h, und höre auch meine Nachrichten nur in dieser Zeit ab. In Notfällen (bitte nur, wenn es wirklich dringend ist) kontaktieren Sie mich bitte unter der Mobilnummer … Ich bitte um Verständnis für diese Maßnahme, die effizienteres Arbeiten gewährleistet. Mit freundlichen Grüßen …[34] Jede Wette, dass Ihr Chef Ihnen die Umsetzung dieser äußerst löblichen Eigeninitiative zumindest probeweise gestattet. Und ebenfalls jede Wette, dass er sie für sich selbst sofort dauerhaft übernimmt. Denn auch er weiß angenehme Ruhe während der Arbeitszeit zu schätzen.

Vom cleveren Umgang mit der eigenen und anderer Leute Zeit

Zeit ist neben Geld die wichtigste Währung des Geschäftslebens. Also empfiehlt sich ein besonders zielgerichteter Umgang mit dieser wertvollen Ressource. Und auch besondere Vorsicht: Typische Verhaltensmuster gemeiner Faultiere wie etwa chronische Unpünktlichkeit, Zigarettenpausenschinden und Stechuhraustricksen liefern dem Arbeitgeber vorzügliche Begründungen für Abmahnung und Kündigung. Wo Raucherpausen per Arbeitszeitmessgerät erfasst und Toilettengänge mit der Stoppuhr verfolgt werden, sollten Sie als kluges Faultier wie selbstverständlich nach den Regeln spielen. Das wichtigste Spiel*zubehör* ist eine moderne Armbanduhr: Heute hat zwar jedes Handy eine Uhr; wer den Zeitmesser jedoch gut sichtbar am Handgelenk trägt und nicht erst aus Hose oder Handtasche kramen muss, wirkt einfach zuverlässiger. Die wichtigste Spiel*regel*, zumindest in Deutschland, ist die Pünktlichkeit.

Wenn Sie am Mittag »durcharbeiten«, demonstrieren Sie damit schier unermüdlichen Arbeitseifer – und bereichern ganz nebenbei Ihr Überstundenkonto

Moderne Gleitzeitregeln haben hier einen gewissen Ermessensspielraum geschaffen – umso mehr lauern die Vorgesetzten darauf, dass die Kernarbeitszeit strikt beachtet wird. Was auch seine Vorteile hat: Erscheint der Mitarbeiter pünktlich am Arbeitsplatz, ist der Chef in der Regel bereits zufrieden und stellt erst mal keine weiteren Ansprüche. Er ist schließlich selbst zunächst mit Kaffeetrinken, Brötchenverzehr und Zeitunglesen beschäftigt.

Klappt es bei Ihnen mit der morgendlichen Pünktlichkeit nicht immer so wie gewünscht? Dann können Sie sich in Unternehmen ohne Stechuhr mit etwas Glück aus der Affäre ziehen, indem Sie schnellen Schrittes mit einem Paket, Ordner oder Umschlag ins Büro kommen. Das sieht dann so aus, als ob Sie vor der Arbeit noch schnell was Dringendes abgeholt hätten. Eine Alternative ist der klassische Manteltrick: Wer Mantel oder Jacke im Auto lässt, sieht so aus, als sei er schon am Arbeitsplatz gewesen und habe nur schnell rausgemusst.

Die Mittagspause bietet sich traditionell für eine Faultier-Mischkalkulation an. Verzichten Sie großmütig auf sie. Das dürfte Ihnen nicht weiter schwerfallen, weil Sie sich den Tag über ja sowieso genug verdeckte Entspannungsmöglichkeiten schaffen. Wenn Sie hingegen am Mittag »durcharbeiten«, demonstrieren Sie damit schier unermüdlichen Arbeitseifer – und bereichern ganz nebenbei Ihr Überstundenkonto, denn das schnelle Sandwich am Schreibtisch gilt in der Regel als Arbeitszeit. Sie sind schließlich anwesend und können ans Telefon gehen. Und wenn keiner anruft, lässt sich die durchgearbeitete Mittagspause durch private Mails und Surfausflüge recht angenehm gestalten. Fortgeschrittene Faultiere üben sich bei dieser Gelegenheit auch in *Inemuri*. Das ist der japanische Fachausdruck für »anwesend sein und schlafen«. Die Offenheit, mit der die Japaner die Kunst des Kurznickerchens pflegen, ist bei uns zwar undenkbar, doch kann sie durchaus diskret hinter dem Bildschirm oder auf der Toilette ausgeübt werden.

Radikal anders als mit der morgendlichen verhält es sich mit der abendlichen Pünktlichkeit. Wer pünktlich den Griffel fallen lässt, outet sich sofort als Faultier und sollte daher zum Besten seiner beruflichen Zukunft einen goldenen Rat von Faulheitsexpertin Corinne Maier beherzigen: »Sei nicht knauserig mit Deiner Zeit. Das ist die Bedingung, um einen festen Arbeitsplatz zu bekommen und zu behalten.«[35] Ohne den strategischen Einsatz von Überstunden bringen Sie es als Faultier nun mal nicht weit. Sie haben höchstens die Wahl zwischen »vor dem Chef kommen« und »nach dem Chef gehen«. Letzteres zieht sich bei Vorgesetzten, die ihrerseits ihr Faultiertum durch Überstunden kaschieren, gerne bis in die späten Abendstunden hin. Allerdings schweißen die gemeinsamen Nachtschichten auch zusammen: Da menscheln die Chefs – schon alleine, weil ihnen sonst langweilig wird, so spät vor einem leeren Schreibtisch. Krawatten werden gelockert und Witzchen erzählt, man kommt sich näher. Es folgt womöglich ein gemeinsamer After-Work-Drink. Helden der Arbeit unter sich, eine verschworene Gemeinschaft, die im Kollektiv ihr Fleißimage pflegt.

ABM für Faultiere

In einer Welt, in der Überstunden der Leistungsnachweis Nr. 1 sind, muss viel Zeit totgeschlagen werden. Computerspiele sowie Klatsch & Tratsch unter Kollegen sind eine beliebte Möglichkeit. Doch der Bore-out lässt sich wesentlich cleverer vermeiden – durch Arbeitsbeschaffungsmaßnahmen für Faultiere. Diese helfen Ihnen dabei, 1) dem unvermeidlichen Überstundenwahn einen gewissen Sinn zu verleihen; 2) unangenehme, gut kontrollierbare Tätigkeiten nach und nach durch angenehmere, schlecht kontrollierbare Tätigkeiten zu ersetzen und 3) beim Chef und bei den Kollegen zu punkten. Hier eine Übersicht über die besten ABM-Bereiche:

- **Eigeninitiative in Bereichen, die niemand mag.** Weshalb niemand so genau wissen will, was Sie innerhalb von wie viel Zeit erledigen. Ideal sind gefürchtet langweilige Tätigkeiten wie die Pflege von Adressdateien und Verteilern, der Aufbau eines Foto- oder Textarchivs oder die Auswertung der Fachpresse für einen abteilungseigenen Pressespiegel.

- **Eigeninitiative mit hohem Commitment-Faktor.** Hier bieten sich entweder innerbetriebliche Aktivitäten an wie etwa Aufbau und Pflege einer Geburtstagsliste für Kollegen und VIP-Kunden. Oder aber außerbetriebliche Tätigkeiten: Ehrenamtliche Engagements wie bei der freiwilligen Feuerwehr, beim Jugendsport und in karitativen Organisationen werden von immer mehr Unternehmen gerne gesehen und aktiv gefördert. Weil sich herumgesprochen hat, dass das sogenannte *corporate volunteering* besser fürs Firmenimage ist als jede Werbung.
- **Internet-Initiativen.** Möglich nur in Unternehmen mit selbstgebackenem Internet-Auftritt, dort aber sehr lohnend. Ihr Ertrag: Zeitaufwand plus Imagepflege, etwa durch die Übertragung von Standardbriefen, Formularen und Firmeninfos auf die Website, durch die kontinuierliche Aktualisierung der Website oder wenigstens entsprechende Konzepte. Im besten Fall spendiert Ihnen Ihr Chef als Dank für Ihren Einsatz sogar eine Internet-Fortbildung.
- **Fortbildung.** Es gibt viele schöne Ort mit vielen schönen Seminarhotels, wo man fern vom Chef die interessantesten Dinge lernen kann. Zur Auswahl stehen Fortbildungsprogramme zu »weichen« Themen, die Abwesenheit vom Arbeitsplatz bringen, ohne viel Lerneinsatz zu fordern, etwa Zeitmanagement-Seminare; und Angebote zu handfesten Themen wie Excel-Fortgeschrittenenkurse und fachspezifische Schulungen. Die kosten Energie, haben aber den Vorteil, dass Sie sich damit zum Experten mausern können. Und bei Experten kann bekanntlich kaum noch jemand nachvollziehen, warum sie sich mit was eigentlich so lange beschäftigen. Eine Investition in die Zukunft.
- **Arbeitsgruppen.** Perfekt geeignet ist die Teilnahme an jobfernen Arbeitsgruppen wie »AG Betriebsausflug« oder »AG Tag der offenen Tür«. Sowie die Mitgliedschaft in all jenen »Strategie«-Arbeitskreisen, die von Vorgesetzten ganz offensichtlich mit dem einzigen Ziel eingesetzt werden, dort ein lästiges Projekt bis zum Jüngsten Tag ergebnislos debattieren zu lassen.
- **Mitarbeit in der Betriebszeitung.** Das macht kaum jemand gerne. Die Kollegen werden Ihnen dankbar sein, und der Chef auch. Jedenfalls, wenn Sie in Ihren Beiträgen seine Eitelkeit be-

dienen, allerdings dezent. Dann wird er auch verstehen, dass Sie sich des Öfteren mal »zurückziehen müssen«, um konzentriert schreiben und an seiner Legende basteln zu können.

- **Botengänge außer Haus.** Wo manch ehrgeizigem Fleißarbeiter ein Zacken aus der Krone fällt, reibt sich ein Faultier erfreut die Hände. Egal, ob es sich um einen Gang zur Post oder einen privaten Auftrag vom Chef handelt: Frische Luft ist gut für Körper und Geist. Und wer einmal auf Anweisung von oben außer Haus ist, kann recht einfach Privates gleich miterledigen.

Betriebliche Umstrukturierungen: Fluch oder Segen?

Veränderungen und Umstrukturierungen gelten unter Arbeitgebern als sichere Faultier-Erkennungstests: Wer hier durch Unlust, Phlegma, Blöd-Spiele oder gar offenen Widerstand auffällt, der muss ein gemeines Faultier sein, ganz nach dem Motto: »Der ist zu bequem, um was Neues zu lernen.« Gut getarnte Faultiere kennen diese Falle allerdings. Sie nehmen Veränderungsvorschläge aller Art daher grundsätzlich positiv, wenn nicht sogar begeistert auf. Um sodann in Ruhe darauf zu warten, dass andere, ehrgeizigere Kollegen den Vorschlag offen oder verdeckt torpedieren. Oder aber sie raffen sich selber auf, um den Vorschlag mit einer Flut dienstbeflissener Fragen und »weiterführender Verbesserungsideen« allmählich bis zur Unbrauchbarkeit zu zerreden.

Ein solches pseudokooperatives Verhalten bei Umstrukturierungen fällt gleich viel leichter, wenn man weiß, dass erfahrungsgemäß fünfzig bis neunzig Prozent aller derartigen Initiativen sowieso früher oder später scheitern. An den Umständen. An mangelnder Durchdachtheit. Am Widerstand der Belegschaft. Oder am frühzeitigen Weggang des Chef-Umstrukturierers. Und so laufen die großen betrieblichen Veränderungen zur Freude der Faultiere oft auf ein einziges großes Nullsummenspiel hinaus, auf einen immerwährenden Reigen aus Vorgesetzten, Vorschlägen und

Flops: »Bei Chef Nummer eins glauben sie (die Mitarbeiter), die Strategie, die er verkündet, sei jetzt tatsächlich der Weg der Zukunft. Bei Chef Nummer zwei denken sie, Chef Nummer eins habe wirklich versagt und nun werde alles besser. Bei Chef Nummer drei stellen sich erste Zweifel ein, ob das, was da gerade verkündet wird, wirklich besser ist als das, was es bisher gab. Auf Chef Nummer vier werden Wetten abgeschlossen, wie lange er sich hält. Chef Nummer fünf erzählt im Wesentlichen das Gleiche, was Chef Nummer zwei bereits erzählte. Chef Nummer sechs kündigt eine Revolution an, die nie umgesetzt wird, weil Chef Nummer sieben ihn ablöst.«[36]

Kapitel 9

Laune sticht Leistung oder: Bewunderung ist gut, Beliebtheit ist besser

»Vor allem aber wird es wieder Glück und Lebensfreude geben, statt der nervösen Gereiztheit, Übermüdung und schlechten Verdauung.«

Bertrand Russell, Lob des Müssiggangs [37]

Sozialkompetenz für Faultiere

Die Streber, Ehrgeizlinge und Karrieristen im Job sind zwar meist schneller und effizienter als die Bürofaultiere. Aber eines sind sie garantiert *nicht*: netter. Dafür sind sie nämlich in der Regel zu verbissen. Fürs Nettsein nehmen sie sich schlicht keine Zeit. Stattdessen verbreiten sie Hektik, regen sich noch über die kleinsten Fehlerchen auf, werfen strafende Blicke auf alle Kollegen, die etwas kommunikationsfreudiger sind als sie selbst, und brüten misslaunig über ihrer Arbeit. Für das Betriebsklima sind solche Spaßbremsen ungefähr so gut wie ein grüner Knollenblätterpilz für eine Gemüsepfanne. Dabei ist die Stimmung am Arbeitsplatz ganz entscheidend für die Produktivität. Je nachdem, ob sie stabil sonnig oder eher frostig ist, kann sie einen Unterschied von bis zu dreißig Prozent bei den Geschäftsergebnissen ausmachen. In Sachen Motivation sind die Auswirkungen ähnlich groß: Nette Kollegen motivieren am meisten. Es arbeitet sich einfach entspannter und damit besser, wenn im Team gute Stimmung herrscht.

Ganz allgemein ziehen Menschen eine harmonische einer disharmonischen Atmosphäre vor. Gleichzeitig haben ausgerechnet Miesepeter einen fatalen Einfluss auf die gefühlte Stimmung. Denn negative Aktionen wirken sich fünfmal stärker auf unsere Laune aus als positive Aktionen. Folglich sind fröhliche Faultiere oft die letzte Rettung für Abteilungen, in denen ein Dauerstänkerer dicke Luft verbreitet. Die Faultiere lassen sich weder durch ihn noch durch sonst jemanden von ihrer heiteren Gelassenheit abbringen.

Entweder von Natur aus oder aus strategischen Gründen bieten sie ihrer Umgebung statt mürrischem Perfektionismus so angenehme Eigenschaften wie Freundlichkeit und Herzlichkeit. Sie sind gesellig, gesprächig, ausgeglichen, optimistisch, friedliebend, kooperativ, liebenswürdig, kompromissbereit und stabil gut gelaunt. Trendige Karriereratgeber sprechen da, Faultier hin oder her, von »herausragender Sozialkompetenz« und loben so viel Menschlichkeit im Haifischbecken.

Wenn das kein guter Grund ist, zur Abwechslung mal ein bisschen Ehrgeiz zu entwickeln. Arbeiten Sie an Ihrem Aufstieg zur Sonne der Abteilung, bringen Sie Licht und Wärme in den freudlosen Existenzkampf! Dass Ihre Arbeitsleistung womöglich nicht die allerglänzendste ist, tritt da in den Hintergrund. Chefs und Kollegen werden sich schwertun, einen so netten Mitarbeiter zu kritisieren – das wirkt kleinlich in einer Umgebung, die durch allgemeine Ruppigkeit geprägt ist. Außerdem zweifelt schließlich niemand daran, dass Sie sich nach besten Kräften bemühen. Jedenfalls, wenn Sie die diversen Faultierstrategien ausreichend beherrschen. In diesem Fall können Sie sich voll und ganz auf die »Mit Liebe gekocht«-Taktik verlassen: Wer sich erkennbar Mühe gibt, kriegt immer mildernde Umstände. Selbst wenn das Resultat der Mühen nur bedingt genießbar ist.

Fröhliche Faultiere sind oft die letzte Rettung für Abteilungen, in denen ein Dauerstänkerer dicke Luft verbreitet

Einen fairen und freundlichen Teamplayer wissen Kollegen und Chefs gleichermaßen zu schätzen. Denn er macht allen das Leben leichter. Den Kollegen, weil er durch seine ausgleichende Art Stress und Spannung aus dem Spiel nimmt. Und dem Chef, weil der merkt, dass die Stimmung in der Truppe so weit okay ist. Zwar haben die wenigsten Vorgesetzten eine Ahnung vom tieferen Zusammenhang zwischen dem Betriebsklima und der Arbeitsleistung ihrer Untergebenen, sonst würden sie sich schließlich motivationstechnisch mehr Mühe geben. Doch eines ist selbst ihnen klar: Wenn die Stimmung gut ist, gibt es keine Querelen, und wenn es keine Querelen gibt, muss der Chef nicht schlichten. Halleluja. Die meisten Chefs sind schließlich Männer, und die hassen bekanntlich wortreich ausgefochtene Streitereien. Privat ergreifen sie da gerne die Flucht. Am Arbeitsplatz ist das natürlich völlig unmöglich, Vorgesetztenrolle verpflichtet. Doch auch da ist ihr Krisenmanagement in der Regel recht dürftig und reicht über ein lahmes »Und jetzt vertragt euch mal wieder!« nicht hinaus. Das wissen sie und belohnen ein teampflegendes Faultier bereitwillig mit fetten Pluspunkten fernab aller konkreten Arbeitsergebnisse – Hauptsache, es bewahrt sie vor Stress mit verzankten Mitarbeitern.

Das Geheimnis der suboptimalen Standards oder: Je mehr Faultiere, desto weniger Arbeit

Suboptimale Standards am Arbeitsplatz, das heißt übersetzt: Man tut weniger, als man tun könnte – und der Chef ist damit wohl oder übel zufrieden. Weil er nämlich keine Ahnung hat, dass seine Mitarbeiter allesamt erfolgreich nur so tun, als ob sie sich am Leistungslimit abstrampeln würden. Hier begegnen wir wieder der alten Faultierweisheit, dass nichts so gut vor echter Überlastung schützt wie vorgetäuschte Überlastung.

Dieses verdeckte Ausbremsen von Chefs, die ihre Mitarbeiter zu Höchstleistungen antreiben wollen, funktioniert aber nur in der Gruppe. Wo ganze Abteilungen stillschweigend zu Faultieren werden, nützen selbst die innovativsten Controlling-Theorien nur noch wenig. Geschlossene Gruppen können nämlich ganz prima geschlossen leistungsschwach auftreten. Und es kommt noch besser. Je mehr Mitglieder eine Gruppe hat, desto geringer ist das Risiko für ein einzelnes Mitglied, als Minderleister enttarnt zu werden. Eine wahrhaft wegweisende Erkenntnis: Je größer die Faultierpopulation, desto wirkungsloser der Druck von oben. Wo ein Faultier allein sich bloß um seinen eigenen Müßiggang kümmern kann, sorgen mehrere Faultiere in derselben Arbeitseinheit erfolgreich für ein allgemein gemächlicheres, angenehmeres Arbeitstempo. Dafür sind noch nicht mal geheime Absprachen erforderlich. Wenn sich eine Mehrheit der Kollegen schlicht nicht aus der Ruhe bringen lässt, etablieren sich suboptimale Standards von ganz allein. Faultiere aller Abteilungen, vereinigt euch!

Wo es mit der Faultiervereinigung nicht klappt, sieht die Sache allerdings ganz anders aus. Stillschweigendes Einverständnis unter Kollegen ist Gold wert, Erbsenzählerei und gegenseitige Kontrolle hingegen sind das reinste Gift für die Gemächlichkeit. Es ist ausgesprochen betrüblich zu beobachten, wie oft Mitarbeiter sich gegenseitig in Sachen Pünktlichkeit, Mittagspausenlänge, Privatgespräche und dergleichen belauern und beim Vorgesetzten anschwärzen. Der sich erfreut die Hände reibt: Wenn seine Untergebenen sich gegenseitig ausspionieren, muss er das schließlich nicht selber tun.

Je größer die Faultierpopulation, desto wirkungsloser der Druck von oben

So werden Mitarbeiter, die sich über »unkorrekte« Kollegen ärgern, ruckzuck zu Hilfssheriffs. Und schaden sich letztlich selbst, schon allein wegen der schlechten Stimmung, die sie dadurch verbreiten. Da ist es nun wirklich angenehmer, selbst als unermüdlicher Fleißarbeiter Toleranz gegenüber den etwas weniger Fleißigen zu üben, die friedliche Koexistenz mit den Faultieren zu suchen, als sie erbittert zu jagen. Wer ihnen den Erfolg ihrer Arbeitsvermeidungsstrategien gönnt, anstatt sich darüber aufzuregen, hat schließlich doppelt etwas davon: Erstens profitiert auch er von weniger Stress durch suboptimale Standards. Und zweitens kann er sich dank der zahlreichen Vorbilder in seiner Umgebung ebenso unauffällig wie erfolgreich zum Faultier wandeln, sollte er vom Maultierdasein eines Tages doch die Nase vollhaben.

Ein gutes Netzwerk ist die beste Hängematte

Faultiere sind von Natur aus hervorragende Netzwerker; sie haben schließlich immer Zeit für ein Schwätzchen. Vorgesetzte Faultiere setzen ihre ausgeprägte Kommunikationsfreudigkeit sogar erfolgreich als Karrieretechnik ein: Ihr *Management by Smalltalk*, also joviales Beisammensein mit den richtigen Leuten im richtigen Moment, ist unterm Strich oft bedeutend lohnender als streng sachorientierte Fleißarbeit. Den Fleißigen fehlt es zwar nicht unbedingt an Anerkennung für ihre Leistung – obwohl auch das vorkommt. Doch wie bei so vielen anderen Business-Entscheidungen spielt auch bei Beförderungen das Bauchgefühl eine wichtige Rolle. Und das lässt sich durch wortgewandten Smalltalk traditionell am stärksten positiv beeinflussen.

Kein Wunder, dass Faultiere sich mit Leib und Seele ihren Netzwerken widmen. Sie wissen instinktiv, dass es immer besser ist, Arbeit liegen- als andere Leute stehenzulassen. Sie haben immer ein offenes Ohr und ein paar freundliche Worte übrig, sie kümmern sich, sie signalisieren menschliches Interesse. Und das nicht etwa in Chefmanier nur den eigenen Vorgesetzten, lukrativen Kunden und sonstigen »nützlichen« Kontakten gegenüber. Besonders hingebungsvoll pflegen Faultiere ihre Beziehungen zu Hausmeistern, zu Sekretärinnen und Assistenten der Vorgesetzten, zu den Kollegen im Kopier- und Postzentrum, in der Verwaltung, in der Buchhaltung, in der Personalabteilung und im IT-Bereich. Und natürlich zu den Mitgliedern des Betriebsrats.

Auch Sie sollten sich um all diese Kollegen besonders kümmern. Denn sie werden sich für Ihre Aufmerksamkeit stets gerne revanchieren. Und das in vielerlei Hinsicht. Wenn Sie mal ein Problem haben, werden die Kollegen alles tun, um Ihnen schnell zu helfen. Sofern Sie sich nur gut genug mit den zuständigen Mitarbeitern verstehen, können Sie ziemlich sicher sein, dass Sie ohne die übliche Wartezeit einen Termin beim Abteilungsleiter bekommen. Oder dass Ihr dringender Druckauftrag vorgezogen, die kaputte

Leuchtstoffröhre in Ihrem Büro sofort ersetzt, die kleine Unklarheit in Ihrer Reisekostenabrechnung zu Ihren Gunsten entschieden wird. Wohingegen weniger freundliche Kollegen gerade bei diesen kleinen, aber lästigen Anliegen die Quittung für ihre Hochnäsigkeit präsentiert bekommen. Deren Bitten, Anträge und Sachfragen verschwinden nämlich gerne bis auf weiteres im »Kann warten«-Stapel von Kollegen, die jede sich bietende Gelegenheit nutzen, um sich für die ihnen gegenüber an den Tag gelegte Arroganz »angemessen zu revanchieren«.

Kollegen und Mitarbeiter, mit denen Sie sich gut verstehen, werden Ihnen nicht nur bei der Lösung kleiner Büroprobleme behilflich sein. Sie werden Sie auch gerne mit den neuesten Schlagzeilen aus der Abteilung Klatsch & Tratsch versorgen. Was erstens immer für einen Lacher gut ist und zweitens im Ernstfall auch Munition für die Selbstverteidigung liefert, siehe Kapitel 12. Darüber hinaus ist ein gutes Verhältnis zu den Kollegen der einzig taugliche Schutzschild gegen Mobbing und Intrigen: Wer Sie gut leiden kann, wird sich an derartigen Initiativen gegen Sie nicht beteiligen. Auch wenn Sie nicht der Fleißigste sind.

Faultiernetzwerke: Möglichkeiten und Grenzen

Faultiere zeichnen sich meist durch firmenübergreifende Netzwerke aus. Sie pflegen richtiggehende Freundschaften und privaten Kontakt auch zu Kunden, Geschäftspartnern und Fachkollegen. Mit denen lassen sich wunderbar ausgedehnte Gespräche und Telefonate führen, ohne dass der Chef maulen oder ihnen die Anwahl von Privatnummern nachweisen könnte: Es handelt sich schließlich um Geschäftskontakte. Und was *genau* in Telefonaten und Meetings mit diesen Leuten besprochen wird, ob es nur um Geschäftliches geht oder zwischendurch auch um gemeinsame Partybesuche, Cocktailrezepte und private Steuerspartipps, das können Vorgesetzte auf legalem Wege bisher kaum rauskriegen.

Außerdem können Sie fortschrittliche Chefs und solche, die sich dafür halten, immer mit Hinweis auf die zunehmende Unpersönlichkeit der heutigen Business-Kommunikation ruhigstellen: SMS und E-Mails beschleunigen zwar den Informationsaustausch – aber sie führen nachweislich zu mehr Missverständnissen und zum Verlust persönlicher Bindungen. So gesehen sind E-Mails und SMS eindeutig beziehungs- und damit geschäftsschädigend. Also wird niemand protestieren (können), wenn Sie sich durch ausführliche Hintergrundgespräche der Verrohung der zwischenmenschlichen Verständigung am Arbeitplatz entgegenstemmen. Falls Ihr Vorgesetzter Ihren Edelmut trotzdem nicht gleich begreift, können Sie ihm Ihre Mission ganz leicht erklären: »Ich musste mit dem Maier mal wieder was für den Informationsfluss tun!«, »Der Schmidt ist gnädiger, wenn man sich ein bisschen für ihn interessiert«, oder, besonders fürsorglich: »Ich spüre, dass der Müller irgendwie unzufrieden ist – ich werd mich mal mit ihm treffen und schauen, was los ist.«

Freundschaften mit Geschäftspartnern und Fachkollegen sind also ein ebenso angenehmer wie risikoloser innerbetrieblicher Zeitvertreib. Durch gepflegte Privatbeziehungen mit VIP-Kunden, Branchenpromis und sonstigen Wichtigmenschen gewinnen fortgeschrittene Faultiere sogar mächtige Fürsprecher und arbeiten so an ihrer Unkündbarkeit. Kaum ein Chef wird es wagen, einen Mitarbeiter mit derart hochkarätigen Beziehungen so einfach zu feuern. Einen ähnlich wirksamen Kündigungsschutz bietet sonst eigentlich nur noch der gute Draht zum Beziehungspartner vom Chef. Wenn Sie sich ihm / ihr gegenüber stets herzlich und aufmerksam zeigen, heben Sie sich ungemein wohltuend ab von den ganzen Ehrgeizlingen, die Beziehungspartner von Vorgesetzten für unwichtig bis lästig halten und entsprechend behandeln. Die solchermaßen Missachteten merken das natürlich – und werden sich im trauten Gespräch daheim am Frühstückstisch umso lobender über *Ihre* Qualitäten äußern.

Unabhängig von solchen praktischen Erwägungen haben Mitarbeiter in überstundenlastigen Jobs gar keine andere Wahl, als sich aus beruflichen Kontakten ein freundschaftliches Umfeld zu basteln. Für die private Kontaktpflege haben sie ja gar keine Zeit. Die praktischen Beziehungen in der Grauzone zwischen Geschäftlich und Privat erfordern allerdings die eine oder andere Vorsichtsmaßnahme.

Zunächst sollten Sie darauf achten, sich mit allen Kollegen möglichst gut zu stellen. Abneigungen sind im Job ein überflüssiger Luxus. Wer auf der Arbeit Feinde hat, hat ein Problem zu viel. Wenn Sie nur hartnäckig genug freundlich bleiben (»Umarmungsstrategie«), können Sie auf Dauer jeden Kollegen von sich einnehmen, sogar besonders muffige / arrogante / unhöfliche Exemplare. Abzuraten ist jedoch von der erkennbaren Zugehörigkeit zu Cliquen und Seilschaften. Die bringt zwar ein angenehm familiäres Gefühl, aber auch viel Sand ins Beziehungsgetriebe. Es gibt nämlich immer Leute, die sich ausgeschlossen fühlen oder aber einer Konkurrenzclique angehören. Was gerne zu Feindseligkeiten auf Kindergartenniveau führt – ziemlich unreif und leider auch sehr anstrengend. Ähnlich unerfreuliche Folgen haben übrigens Busenfreundschaften mit Jammerern, Lästerern und Nörglern. Solche Kollegen können äußerst unterhaltsam sein, doch unterm Strich verbreiten sie nur schlechte Stimmung und obendrein ein schlechtes Image: Ihr Vorgesetzter kennt schließlich die Chefstänkerer. Wenn Sie mit denen rumhängen, stopft er Sie mit ihnen in dieselbe Schublade.

Wichtiger als die strategische Verteilung von Sympathiebekundungen ist der innere Sicherheitsabstand. Bloß keine kleinen Geständnisse! Was leichter klingt, als es ist: Wenn die Beziehung nach »echter Freundschaft« aussieht, kommt man schließlich gerne ins Erzählen. Von der Freude am abendlichen Entspannungsjoint über spezielle erotische Vorlieben bis hin zu Kindheitstraumata und Erbkrankheiten. So viel Offenheit kann sich als fatal erweisen: So mancher »Freund« wird im Laufe der Zeit zum Ex-Freund, Rivalen oder Faultierjäger, der mit Freude alles gegen Sie verwendet, was Sie ihm jemals anvertraut haben. Das verschwörerische »Das bleibt jetzt aber bitte unter uns«, mit dem viele Leute ihre Geständnisse garnieren, nützt da rein gar nichts. Erfahrungsgemäß erzählt nämlich jeder, der von einem »Geheimnis« mit einem Mindestmaß an Unterhaltungswert hört, dieses Geheimnis mindestens einer Person weiter. Die es ihrerseits mindestens einer Person weitererzählt. Und so weiter und so weiter. Bis alle Welt Bescheid weiß.

Das Faultier-Einmaleins der Kollegenpflege

Ein guter Draht zum Vorgesetzten ist wichtig. Gute Beziehungen zu den Kollegen sind *überlebens*wichtig. Den Chef pusten Aufwinde (oder Fallwinde) womöglich schon bald wieder aus seinem Büro – aber die Kollegen bleiben einem oft ziemlich lange erhalten.

Deshalb hat ihre liebevolle Pflege höchste Priorität. Faultiere wissen das und halten sich, sieht man von den gemeinen Faultieren ab, streng an ihren Ehrenkodex. Der verbietet es ihnen, Kollegen und Mitarbeiter auszunutzen, auszutricksen, anzulügen und anzuschwärzen, siehe S. 91. Darüber hinaus verwenden gewiefte Bürofaultiere eine ganze Reihe überaus nützlicher Instrumente der Kollegenpflege:

Ein guter Draht zum Vorgesetzten ist wichtig. Gute Beziehungen zu den Kollegen sind überlebenswichtig.

1. **Lächeln.** *Faultier's Finest:* Selten wird mit weniger Aufwand mehr erreicht. Wer angelächelt wird, ist angenehm berührt. Mit einem einfachen Lächeln können Sie also viel für die Stimmung tun und zudem heikle Situationen wie Diskussionen, Kritik und Beschwerden zum Wohle aller entschärfen.
2. **Informationsaustausch.** Wo der stressbedingt fehlt, kommt es gerne zum Krach unter den Kollegen. Also arbeiten Faultiere hingebungsvoll an der Abteilungstransparenz. Schließlich lässt sich viel Arbeitszeit lobenswert und angenehm damit verbringen, die Kollegen mit Infos zu versorgen. Am besten natürlich in persönlichen Gesprächen, wegen der wertvollen Gelegenheit zum spontanen Meinungsaustausch.

3. **Bitten um Rat.** Wenn Sie einen Kollegen um Rat bitten, signalisieren Sie ihm damit, dass Sie auf seine Meinung Wert legen. Außerdem haben Bitten um Rat den faultierfreundlichen Nebeneffekt, dass sie delegationsunfähigen Chefs und aufopferungswütigen Kollegen die Gelegenheit geben, ihr Helfersyndrom auszuleben. Es verstößt in diesem Fall nicht gegen den Ehrenkodex, die Hilfsbereitschaft dankend anzunehmen. Denn es handelt sich um eine »Win-Win-Situation«, von der beide Seiten etwas haben.
4. **Fragen stellen.** Die meisten Menschen antworten gerne ausführlich auf persönliche Fragen, wie an den epischen Antworten auf den Klassiker »Wie geht es Ihnen?« leicht zu beobachten ist. Also fragen Sie reichlich – damit heben Sie sich wohltuend ab von vielen anderen Leuten, die sich am liebsten selbst reden hören.
5. **Zuhören.** Pendant zur Fragetechnik. Faultiere sollten immer gut zuhören. Dadurch fühlen sich die anderen geschätzt und ernst genommen. Falls Ihnen bei allem menschlichen Interesse das Zuhören auf Dauer trotzdem zu anstrengend wird, können Sie durchaus abschalten. Wenn Ihr Gesprächspartner Ihnen überraschend eine Frage stellt und Sie gerade nicht aufgepasst haben, antworten Sie einfach mit einer Gegenfrage. Einleitende Formulierungen wie »Apropos …« und »Da fällt mir ein …« machen selbst radikale Themenwechsel zum Kinderspiel.
6. **Ruhig Blut.** Stress ist ansteckend; Hektik und Ungeduld sind hundertprozentige Sympathiekiller. Folglich können Sie sich um genervte Kollegen dadurch verdient machen, dass Sie noch im größten Chaos schlicht und einfach Ruhe bewahren. Einer echten Faultierseele dürfte das ohnehin nicht schwerfallen.
7. **Kleine Geschenke.** Im Gegensatz zu den Sparbrötchen unter ihren Kollegen wissen Faultiere genau, wie viel eigentlich unbezahlbare Sympathien ihnen allein durch ein Osterei, einen Schokoladen-Nikolaus, eine von diesen Mini-Geschenkpackungen Pralinen mit der Aufschrift »Danke«, eine Blume zum Geburtstag oder einen spendierten Cappuccino zufließen. Merke: Für Faultiere ist Geiz alles andere als geil.

8. **Demonstrative Bescheidenheit.** Faultiere geben Lob immer gleich an die Kollegen weiter: »Danken Sie nicht mir, danken Sie der ganzen Abteilung!« Geschenke zufriedener Geschäftspartner teilen sie brüderlich, anstatt sie in Chefmanier mit nach Hause zu nehmen. Überhaupt verzichten sie auf »Ich«-Formulierungen, damit die Kollegen sie nicht für egoistisch halten, und benutzen möglichst viel das teamfördernde »Wir«.
9. **Gute Nachrede.** Komplimente sind immer gut. Aber indirekte Komplimente sind noch besser, weil sie für öffentlichen Ruhm sorgen. Also sagen Faultiere grundsätzlich viel Nettes über abwesende Kollegen. Solche Freundlichkeit wirkt vor dem Hintergrund der herrschenden Lästerkultur überaus angenehm und lässt daher sowohl den Gelobten als auch den Lobenden in einem besonders hellen Licht erstrahlen.
10. **Eitelkeiten bedienen.** Warum nicht? Es gibt bedeutend Schlimmeres, als »unwiderstehlichen« Kollegen zu signalisieren, dass Sie sich ihrem Charme kaum entziehen können, der Kollegin mit dem Modetick gelegentlich zu sagen, wie gut sie angezogen ist, und ganz allgemein die anerkennungssüchtigen unter den Kollegen zu loben. Schon allein, damit sie es nicht ständig selbst tun müssen.

Die »gute Seele der Abteilung« und was sie alles davon hat

Was Faultiere an Arbeitseifer vermissen lassen, machen sie durch ihre Hilfsbereitschaft in arbeitsfernen Bereichen mehr als wett. Im Kern geht es auch hier um ein Tauschgeschäft: Suche Anerkennung ohne Anstrengung, biete Selbstlosigkeit in Bereichen, die den anderen besonders lästig oder wichtig sind. Den anderen besonders lästig ist zum Beispiel die Betreuung von Lehrlingen und Neulingen. Die gestressten unter den Kollegen hassen diesen Zeitkiller und werden Ihnen daher überaus dankbar sein, wenn Sie ihnen die Aufgabe abnehmen. Ihnen selbst bringt die Aufopferungsbereitschaft neben allgemeiner Anerkennung viele weitgehend anstrengungsfrei verbrachte Plauderstündchen. Aus diesem Grunde sollten Sie sich auch immer gerne für betriebsinternes Mentoring und Coaching zur Verfügung stellen. Ähnlich fruchtbringend ist es, den anderen allseits verhasste Aufgaben abzunehmen, sofern die sich nur energiesparend genug erledigen lassen. Beispiele: Prospekte eintüten, Archiv ausmisten, Recherchen übernehmen, Kaffeemaschine entkalken. Auch die Einrichtung und Verwaltung einer Lottokasse ist in diesem Zusammenhang erwähnenswert: Wo jeder gewinnen, aber niemand die Arbeit dafür übernehmen will, werden Sie mit wenig mehr als ein paar Tippscheinen und einer Spardose zur allseits beliebten Lottofee.

Umgekehrt können Sie sich einen unerschütterlichen Sympathiebonus erarbeiten, wenn Sie bescheiden (aber demonstrativ) verzichten, wo der Andrang der anderen besonders groß ist. Egal, ob es um das letzte Stück Geburtstagstorte geht, um eine heißbegehrte Firmenfreikarte oder um einen bestimmten Urlaubstermin: Der Kollege, für den Sie feierlich verzichten, wird Ihre noble Geste ewig in Erinnerung behalten. Besonders kluge Faultiere gehen daher strategisch geschickt mit Brückentagen und »Halb-Feiertagen« wie Karneval und 24. Dezember um. Da opfern sie sich bereitwillig, damit die anderen Urlaub nehmen können. Was Kollegen und Chefs mit größter Dankbarkeit erfüllt und recht anstrengungsfrei erledigt ist, da an diesen Tagen sowieso kaum jemand arbeitet.

Faultierfreuden: Weihnachtsfeiern und andere Feste

Als Zufluchtsort, an dem Faultiere vor inhaltlicher Arbeit sicher sind, bietet sich nicht zuletzt die Vorbereitung von Firmenfesten an. Schließlich braucht es immer Freiwillige, um Weihnachtsfeiern, Betriebsausflüge und Werbefeste für Kunden zu organisieren. Auch das macht zwar etwas Mühe, ist aber gar nicht vergleichbar mit dem üblichen Arbeitsstress. Schon allein, weil in den Festkomitees nur selten der eigene Chef dabeihockt. Gleichzeitig ist soziales Engagement innerhalb der Firma angesehen, wird in Zeugnissen lobend erwähnt und steht bei den Kollegen hoch im Kurs. Besonders, wenn Sie auch ihnen ganz konkret soziales Engagement angedeihen lassen. Etwa indem Sie Kollegenstammtische organisieren, Firmenjubiläumslisten anlegen oder sich höchstpersönlich um Geschenke und Kuchen für die Geburtstagskinder der Abteilung kümmern. Oder indem Sie wenigstens dafür bekannt sind, stets großzügig für solche Anlässe zu spenden.

Während der Festivitäten selbst darf das Faultier dann endlich mal einfach Faultier sein und sich ganz unbedarft amüsieren. Weshalb Faultiere Geburtstags-, Weihnachts- und sonstige Feiern lieben. Sie pflegen pausentaugliche Traditionen wie Ein- und Ausstand unter Kollegen und nehmen mit Begeisterung an Betriebsausflügen teil. Bei all diesen Anlässen achten sie allerdings besonders gut auf ihre Tarnung. Immerhin könnten aufmerksame Vorgesetzte aus ungezügeltem Alkoholgenuss, unbedachten Äußerungen und allgemein liederlichem Auftreten einen Anfangsverdacht in Richtung Faultiertum entwickeln. Also geben kluge Faultiere gerade hier vorsorglich den perfekten Mitarbeiter. Sie trinken wenig, sie kommen mit allen ins Gespräch, ohne je Persönliches preiszugeben. Und sie glänzen am Büfett durch vornehme Zurückhaltung, anstatt wie viele andere durch Gier und schlechte Manieren aufzufallen. Gleichzeitig halten sie Augen und Ohren offen: Der eine oder andere Chef lässt sich bei solchen Gelegenheiten zu bemerkenswerten Entgleisungen hinreißen. Deren Dokumentation in Bild und Ton verbietet sich selbstverständlich für jeden guterzogenen Menschen. Sie könnte jedoch genau wie die Gerüchte aus der Abteilung Klatsch & Tratsch im Notfall zu Selbstverteidigungszwecken eine Rolle spielen, siehe Kapitel 12.

Was die Dauer der Teilnahme an den üblichen kleineren Festivitäten betrifft, so haben Sie als Faultier die Wahl zwischen vier Taktiken. Diese sollten Sie möglichst abwechslungsreich kombinieren: 1. Der frühe Auftritt: Sie sind früher da als die anderen und helfen bei der Vorbereitung (Tische rücken, Flaschen öffnen, Kuchen schneiden, Häppchen arrangieren etc.). 2. Der späte Auftritt: Sie kommen eine Viertelstunde zu spät und mit einem gestressten Gesichtsausdruck, der allen bereits anwesenden Gästen signalisiert, dass bei *Ihnen* die Pflicht nun mal vor dem Feiern kommt. 3. Der frühe Abtritt: Wenn Sie die Festivität frühzeitig mit sorgenzerfurchter Miene wieder verlassen, hat dies denselben Effekt wie der späte Auftritt. 4. Der späte Abtritt: Sie gehen als Letzter und helfen dem Gastgeber beim Aufräumen. Er wird Sie dafür lieben, denn in der Regel verkrümeln sich alle Gäste, sobald die letzte Flasche leer ist.

Eine Hand wäscht die andere

Der Austausch kleiner Gefälligkeiten ist ein Verhalten, mit dem sich die Menschen seit Urzeiten gegenseitig das Leben leichter machen. Das Prinzip »Quid pro quo« (Für Nicht-Lateiner: »Gibst du mir was, geb' ich dir was«) funktioniert auch heute noch wie geschmiert. Ein Beleg dafür sind alleine die regelmäßigen Medienberichte über lukrative Amigo-Affären unter Politikern, Unternehmenslenkern und Medienpromis.

Selbstgebackene Kuchen, Fußballtickets, Babysitting: Es gibt jede Menge Dinge, für die die Fleißarbeiter den Faultieren nur zu gerne etwas Arbeit abnehmen

Insofern ist es verständlich, dass auch Bürofaultiere sich dieses Prinzips bedienen, um ihre Arbeit zu vermindern. Sie suchen sich fleißige Kollegen, die bereit sind, ihnen ungeliebte Arbeiten abzunehmen. Und bieten im Gegenzug je nach Talent, Einfallsreichtum und Kontakten die verschiedensten jobfremden Leistungen an: Selbstgebackene Kuchen, Freibier für die nächste Party, Rabatt beim Möbeleinkauf, Vermittlung supergünstiger Ferienwohnungen, Fußballtickets, kostenlose Fahrzeuginspektion in der Werkstatt eines Freundes, Babysitting, Tennisstunden. Es gibt jede Menge Dinge, für die die Fleißarbeiter den Faultieren nur zu gerne etwas Arbeit abnehmen.

Falls Sie selbst zu faul oder zu einfallslos sind, um Ihren Kollegen etwas Attraktives zu bieten, bleiben Ihnen trotzdem zwei Dienstleistungen, die Sie immer zum Tausch anbieten können und die zumindest einige unter den Kollegen interessieren könnten. Da sind zunächst die Kollegen, die beim Chef oder in einer Sitzung etwas durchsetzen wollen und dafür eine Mehrheit hinter sich brauchen. Sie könnten nun, sofern Sie sich dazu aufraffen können, deren Anliegen engagiert unterstützen. Im Gegenzug können Sie dann diskret um Hilfestellung bei dem einen oder anderen Arbeitsanliegen bitten. Ähnlich gute Aussichten auf Erfolg haben simple Tauschgeschäfte mit rauchenden Kollegen. Sie bieten Toleranz gegenüber ihren ständigen Rauchpausen. Das werden Ihnen die Tabakkonsumenten damit lohnen, dass sie ihrerseits auch bei Ihren Arbeitsunterbrechungen ein Auge zudrücken. Diese Taktik können Sie allerdings nur anwenden, wenn Sie sich zuvor als »toleranter Nichtraucher« positioniert haben. Aber das sollten Sie sowieso tun, schon aus strategischen Gründen. Denn notorische Raucher, die jeder Arbeitsstunde zehn Minuten Raucherpause abtrotzen, sind bei nichtrauchenden Kollegen meist unbeliebt und von Haus aus als Faultiere verschrieen. An eine erfolgreiche Tarnung, geschweige denn an langfristig ungestörtes Abhängen, ist unter solchen Umständen nicht zu denken. Also verzichten Sie auf Raucherpausen und verlassen Sie sich lieber auf das schlechte Gewissen von rauchenden Kollegen und Chefs. Die werden kaum protestieren, wenn auch Sie immer mal wieder »kurz zehn Minuten raus« müssen.

In Ihrer Arbeitseinheit hat sich das Prinzip des Austauschs kleiner Gefälligkeiten noch nicht durchgesetzt? Macht nichts, denn Sie können es leicht etablieren. Schlicht indem Sie den ersten Schritt machen. Fast immer fühlen sich Menschen dazu verpflichtet, ihrerseits etwas zu geben, wenn sie zuvor etwas bekommen haben – sogar dann, wenn sie damit nichts anfangen können oder es gar nicht haben wollten. Das heißt für Sie, dass sich bei fleißigen Kollegen durch die eine oder andere Gefälligkeit oder kleine Gabe allmählich ein moralisches Guthaben anhäufen lässt. Dieses können Sie später bei der Bitte um Arbeitshilfe zur Anwendung bringen. Allerdings selbstverständlich nur in vertretbarem Umfang.

Falls Ihre Faultiertarnung perfekt ist, kann es natürlich passieren, dass einzelne Kollegen ihrerseits versuchen, Sie auf Guthabenbasis um Arbeitshilfe zu bitten. Und Ihr Gefühl der moralischen Verpflichtung zur Hilfe mit kleinen Gefälligkeiten noch zu verstärken. In solchen Situationen ist strategisch geschicktes Verhalten vonnöten. Eine spontane Ablehnung erspart zwar zusätzliche Arbeit, vergrätzt aber den Hilfesuchenden und wirft einen großen Schatten auf Ihr tadelloses Image. Da ist es letztlich sinnvoller, sofort bereitwillig Hilfe in Aussicht zu stellen. Und sich sogar als extrem fürsorglich zu erweisen, indem Sie ganz genau wissen wollen, wie Sie denn nun behilflich sein können. Sofern Sie den Hilfesuchenden nur mit genug Fragen überschütten (»Ich will nur sichergehen, dass ich alles richtig verstanden habe«), wird er sich möglicherweise dazu entschließen, lieber einen Kollegen um Hilfe zu bitten, der etwas weniger umständlich tickt als Sie. Aus dieser Strategie entsteht Ihnen kein Schaden, weil es grundsätzlich schwierig ist, jemanden dafür zu kritisieren, dass er zu hilfsbereit ist. Trotzdem sollten Sie sie den Kollegen gegenüber nur im Notfall anwenden. Vorgesetzte hingegen können Sie damit äußerst elegant ausbremsen: Die freuen sich oft so sehr über wissbegierige und systematisch vorgehende Untergebene, dass sie Arbeit, die sie eigentlich delegieren wollten, am Ende gerne noch mal selber machen.

Vorsicht Faultierfalle: Vom Ablästern zur Abmahnung

Dieses Kapitel wäre nicht vollständig ohne einen Verweis auf die mit Abstand größte Leidenschaft am Arbeitsplatz: das Lästern. Gemeine Faultiere verbringen große Teile der Kernarbeitszeit mit dem Herziehen über Kollegenbierbäuche, Vorgesetztenpatzer und Mitarbeitermarotten. Genau deshalb sollten Sie so weit wie möglich auf diesen Zeitvertreib verzichten – er ist einfach ein zu großes Risiko für Ihre Tarnung. Wenn Sie partout eine kleine Lästerei über einen Abwesenden in die Unterhaltung werfen wollen, fügen Sie wenigstens »Ich schätze ihn sehr, aber …« oder »Ich hab ihm das schon mehrfach selbst gesagt …« hinzu. Damit entziehen Sie sich dem Verdacht der reinen Boshaftigkeit. Und Sie können Intriganten (vielleicht) davon abhalten, dem Lästeropfer Ihre Spitze brühwarm weiterzuerzählen.

Es gilt jedoch grundsätzlich zu bedenken, dass Lästerer – selbst wenn sie häufig spontane Lacher ernten – langfristig immer ein ungutes Gefühl bei den Kollegen hinterlassen. Die müssen sich schließlich immer fragen, wann auch sie dem Lästertrieb zum Opfer fallen. Nicht umsonst lautet eine alte PR-Weisheit: »Never talk bad about people.« Das fällt manchmal ziemlich schwer: Wenn der Chef mal wieder permanent Stress oder Stuss verbreitet, hilft oft nur heftiges Ablästern, um den Arbeitstag zu überstehen. Stellen Sie sich trotzdem routinemäßig vor, er würde hinter Ihnen stehen, bevor Sie den Mund aufmachen, um so richtig loszulegen. Das wird Sie zuverlässig vor dem abrupten Ende Ihres Faultierdaseins im Unternehmen bewahren.

Besonders clevere Faultiere treten zumindest externen Lästerern sogar demonstrativ entgegen. Wenn ein Kunde oder Geschäftspartner über ihren Chef lästert, stimmen sie nicht etwa aus vollem Herzen zu, auch wenn ihnen noch so sehr danach ist. Vielmehr verteidigen sie ihren Chef, ganz wie sich das für einen loyalen Mitarbeiter gehört: »Das kann ich mir gar nicht vorstellen, Dr. Meier ist bekannt für seine Zuverlässigkeit«, »Da muss eine Verwechslung vorliegen«, »So etwas würde Dr. Meier nie tun.« Sofern Sie dafür sorgen, dass Dr. Meier selbst Ihre heldenhafte Verteidigung seiner Chefehre direkt oder indirekt mitbekommt, haben Sie so gut wie ausgesorgt: Bedingungslose Mitarbeiterloyalität ist ein äußerst seltenes Gut und entsprechend hoch geschätzt. Wenn einige Ihrer Kollegen Sie unter diesen Umständen der Schleimerei bezichtigen, können Sie sich rausreden mit beschwichtigenden Erklärungen wie »Ich bin halt harmoniesüchtig« und »Seid doch froh – so halte ich ihn uns vom Leib!«.

Lieber pseudoloyal als echt arbeitslos

Oder aber mit einem coolen »Lieber pseudoloyal als echt arbeitslos«. Rufschädigende Äußerungen sind nämlich ein Grund für Abmahnung und Kündigung. Und so leicht sollte man es den Chefs dann doch nicht machen.

Kapitel 10

Crashkurs für den Faultiernachwuchs: Typische Anfängerfehler und wie man sie vermeidet

»Verschiebe nichts auf morgen, was ebenso gut auf übermorgen verschoben werden kann.«

Mark Twain

Viel Arbeit, na und?

Die Überlebenskünstler unter den Faultieren lassen sich selbst durch schier unüberwindbare Arbeitsmengen nicht aus der Ruhe bringen. Wenn der Chef Druck verbreitet, schalten sie die Ohren auf Durchzug, gehen weiter gemächlich ihrem Tagwerk nach und machen ungerührt zur gewohnten Zeit Feierabend. Ganz anders hingegen der Faultiernachwuchs: Es fehlt ihm oft noch an innerer Gelassenheit. Auch hat er die Theorie der Faultierstrategie häufig noch nicht ausreichend verinnerlicht. Anfängerfaultiere laufen daher Gefahr, bei plötzlich steigender Arbeitsflut in Panik zu geraten. Allen guten Vorsätzen zum Trotz verfallen sie in hektische Aktivität. Falls auch Sie noch zu ungesunder Hektik neigen: Keine Angst, die lässt sich in den Griff bekommen. Hier die besten Faustregeln und Ausreden der Faultierprofis:

- **Neunzig Prozent aller Dinge sind den Stress nicht wert, den der Chef gerade verbreitet.** Im Rückblick stellt sich nämlich mit schöner Regelmäßigkeit heraus, dass der Sturm mal wieder einzig und allein im Wasserglas getobt hat.
- **Fünfzig Prozent aller Dinge erledigen sich durch Liegenlassen von alleine.** Es ist zwar nicht immer sofort erkennbar, welche fünfzig Prozent das sind, doch im Laufe der Zeit lassen sich für jeden Job verlässliche Erfahrungswerte ermitteln.
- **Die 80–20-Regel.** Wie bereits in Kapitel 7 dargelegt, besagt sie, dass Sie in nur zwanzig Prozent Ihrer Zeit achtzig Prozent jeder Arbeit in den Griff bekommen können. Die letzten zwan-

zig Prozent, die erforderlich wären, um die Arbeit wirklich perfekt zu erledigen, würden die restlichen achtzig Prozent Ihrer Zeit auffressen. Doch Sie als Faultier werden kaum den Ehrgeiz haben, perfekte Arbeit abzuliefern. Und wenn doch, dann sollten Sie sich diese ungesunde Eigenart schleunigst abgewöhnen.

- **»If in doubt, leave it out«.** Das bedeutet: Wenn Ihnen an einem Arbeitsauftrag gewisse Nebenaspekte unklar, überflüssig, sinnlos oder sonst wie zweifelhaft vorkommen, sollten Sie sie einfach unter den Tisch fallen lassen. Kleine »Versäumnisse« dieser Art fallen dem Chef erfahrungsgemäß nicht auf – und was ihm nicht auffällt, erspart Ihnen lästige Rückfragen, Korrekturen und Änderungswünsche.
- **Die einfache Ausrede.** Nicht wirklich elegant, aber unter gemeinen Faultieren verbreitet und erstaunlich erfolgreich: »Dafür bin ich nicht zuständig«, »Das steht aber nicht in meiner Arbeitsplatzbeschreibung«, »Das gehört doch in die andere Abteilung«, »Dafür werde ich nicht bezahlt«.
- **Die gelehrte Ausrede.** Wer vor lauter Hektik alles gleichzeitig macht, der macht alles verkehrt. Beim sogenannten »Multitasking« stürzt das Gehirn nämlich ab wie ein überlasteter PC. Und das auf Kosten der Unternehmen: In den USA haben Forscher errechnet, dass der ständige Wechsel von Tätigkeiten und die damit verbundenen Einbußen bei Reaktions- und Konzentrationsvermögen die Wirtschaft rund 28 Milliarden Arbeitsstunden im Jahr kosten. Man müsste es Ihnen also hoch anrechnen, dass Sie durch Ihre Bedächtigkeit das Personalbudget Ihrer Firma schonen.

Zu guter Letzt sei in diesem Abschnitt auf die »Ja, aber«-Taktik hingewiesen. Sie ist die Faultierantwort auf die zackige Vorgesetztendevise »Wer ja sagt, ist Teil der Antwort – wer nein sagt, ist Teil des Problems«. Als Teil des Problems sollten Sie natürlich nicht identifiziert werden, denn das würde Ihre Tarnung gefährden. Also reagieren Sie am besten grundsätzlich mit Begeisterung auf zusätzliche Arbeitsaufträge. Ein klares Ja zu neuen Aufgaben zeugt stets von Tatendrang und persönlichem Engagement. Sobald niemand mehr an Ihrem Willen zweifelt, die Arbeit so gut und so schnell wie möglich zu erledigen, ist die Stunde der Gegenmaßnahmen gekommen. Entweder Sie rauben Ihrem Chef mit »letzten Detailfragen« stundenlang den Nerv. Oder mit »Bedenken, die sich bei näherer Betrachtung ergeben haben«. Im besten Fall können Sie auf diese Weise eine unliebsame Aufgabe erst mal wieder an Ihren Vorgesetzten zurückdelegieren. Oder aber Sie verlegen sich aufs Nachverhandeln und erklären Ihrem Chef, dass die Arbeit für einen alleine beim besten Willen leiderleider doch nicht zu schaffen ist. Und dass Sie deshalb mehr Zeit, ein höheres Budget oder mehr Mitarbeiter benötigen. Für solche Rettungsanker lassen sich immer gute Argumente finden – als Faultier sind Sie ja nicht auf den Kopf gefallen.

Je besser Ihre Argumente sind, desto entspannter können Sie übrigens auch mit den Erwartungen Ihres Chefs umgehen. Wenn etwas nicht so klappt, wie er sich das vorstellt, wird er Ihnen immer mildernde Umstände zubilligen: Schließlich haben Sie sowohl durch Ihr spontanes Ja als auch durch Ihre sorgfältige Situationsanalyse Ihre uneingeschränkte Einsatzbereitschaft hinreichend unter Beweis gestellt.

Der Gerechtigkeit halber darf allerdings nicht unerwähnt bleiben, dass gemeine Faultiere mit einem simplen »Nein« durchaus auch erfolgreich sein können. Und das ganz ohne langes Reden und Argumentieren. Mit ihrer kühlen Ablehnung bremsen sie die Vorgesetzten aus, die gedankenlos Arbeit bis zur Schmerzgrenze verteilen. Und sie verdienen sich sogar den Respekt all derjenigen Chefs, die aus reiner Taktik ausloten wollen, wo diese Schmerzgrenze liegt. Wer diesen Taktikern nichts abschlägt, hatte ihrer Meinung nach nämlich ganz offensichtlich bisher noch nicht genug zu tun.

Deadlines und wie man sie erfolgreich knackt

Terminvorgaben sind die Peitsche des modernen Vorgesetzten. Seltener aus Gedankenlosigkeit, häufiger aus Kalkül gibt er seinen Untergebenen Termine vor, die nur mit Hilfe von Nacht- und Wochenendschichten einzuhalten sind. Jedenfalls wenn man sie ernst nimmt. Dies ist jedoch längst nicht immer erforderlich, wie Sie durch die Beobachtung Ihres Chefs schnell lernen können – sofern er zu den vorgesetzten Faulenzern zählt. Die bedienen sich nämlich einiger überaus nützlicher Terminverschiebungstechniken, die auch Sie mit etwas Übung erfolgreich einsetzen können. Die folgenden Taktiken bauen aufeinander auf, können aber auch einzeln oder in beliebiger Kombination verwendet werden.

Die Königsdisziplin aller Terminverschiebungsmanöver ist die Dringlichkeitsprüfung. Ziemlich häufig steckt hinter einem viel zu knappen Termin ein viel zu ängstlicher Vorgesetzter. Der sich insgeheim ein paar Wochen »Sicherheitsmarge« eingebaut hat, um auch wirklich gegen alle Eventualitäten gewappnet zu sein. Signalisieren Sie ihm pünktliche Erledigung, »aber bitte erst zum *wirklich* allerletzten Termin« – und Sie werden sehen, wie die »Dringlichkeit« der Aufgabe auf fast magische Weise verblasst.

Irgendwann steht die Aufgabe dann allerdings doch zur Erledigung an. Vermutlich zusammen mit unzähligen anderen Aufgaben, die der Chef Ihnen permanent aufs Auge drückt. Falls Sie erwartungsgemäß feststellen, dass Sie unmöglich *alle* aktuell anstehenden Aufgaben fristgerecht erledigen können, bietet es sich an, die Verantwortung dafür an Ihre Führungskraft zurückzudelegieren. Das ist recht schnell erledigt, indem Sie kurz darlegen, was alles bis wann zu erledigen ist – und Ihren Chef sodann vor die Wahl stellen: »Wenn ich A und B sofort erledige, müssen C und D leider noch ein Weilchen warten – oder umgekehrt. Wo sehen Sie die Prioritäten?« Da viele Vorgesetzte insgeheim wissen, dass sie ihren Mitarbeitern unmöglich dauerhaft Zusatzschichten abverlangen können, werden sie auf die Bitte um Prioritätensetzung zumeist verständnisvoll reagieren. Sie zeugt schließlich von der Sorge des Untergebenen um das Wohl der Firma. Und natürlich auch von der Unentbehrlichkeit des Chefs: Ohne dessen ordnende Hand würde der Betrieb völlig aus dem Ruder laufen.

Ihr Chef hat nun dummerweise ein besonders arbeitsintensives und knapp terminiertes Projekt zur höchsten Priorität erklärt? Dann wird ihm persönlich sehr viel daran gelegen sein, dass dieses Projekt auch ein Erfolg wird. Folglich werden Sie ihm mit ein paar schlüssigen Argumenten wenigstens das Okay für einen Praktikanten abschwatzen können. Sobald der (oder die) gefunden ist, haben Sie die größte Gefahr auch schon abgewendet: Das Gros der Praktikanten zeichnet sich durch schnelle Auffassungsgabe sowie großen Arbeitseifer aus. Es spricht also nichts dagegen, dass Sie einem solch vorbildlich motivierten Geschöpf große Teile des Projekts zur Erledigung anvertrauen. Dies allerdings unter einer wichtigen Bedingung: Gehen Sie freundlich und kollegial mit Ihrem Praktikanten um, wie es sich für ein ehrenwertes Faultier gehört. Und vergessen Sie vor allem nicht, am Ende der gemeinsamen Zeit Ihrem Dank offiziell und großzügig Ausdruck zu verleihen.

Trotz Praktikant wird es zeitlich verdammt eng? Verlegen Sie sich aufs Verhandeln. Sofern Sie die »Ja, aber«-Taktik (siehe S. 160 f.) bisher überzeugend genug angewandt haben, gibt es an Ihrer persönlichen Leistungsbereitschaft keinerlei Zweifel. Also wird Ihr Chef Ihnen mit einiger Wahrscheinlichkeit eine »letzte Verlängerungsfrist« zubilligen. Oder sich mit einer teilweisen Erledigung zufriedengeben: das Wichtigste fristgerecht, dafür einige untergeordnete Teilbereiche später. Was mit etwas Glück auf »viel später« oder »gar nicht« hinausläuft. Oft genug erweisen sich nämlich die untergeordneten Teilaspekte im Nachhinein als nicht mehr erforderlich, nicht mehr passend oder sonst wie überflüssig.

Allen Tricks zum Trotz droht natürlich dann und wann die Stunde der Wahrheit. Doch auch die ist nicht unbedingt ein Grund zur Panik. Falls absehbar ist, dass Sie einen Job nicht termingerecht erledigen können – ergreifen Sie die Flucht nach vorn. Weisen Sie frühzeitig darauf hin, dass es möglicherweise ein kleines Problem geben könnte. Damit beweisen Sie großes Verantwortungsgefühl und binden Ihren Chef elegant in die Problemlösung mit ein. Als Führungskraft muss er schließlich den Kopf hinhalten, wenn in seinem Bereich etwas schiefläuft. Also wird er Ihnen vermutlich auf die eine oder andere Weise aus der Patsche helfen.

Geschickt umgehen mit Fehlern, Problemen und Beschwerden

In diesem heiklen Bereich erweisen sich vorgesetzte Faulenzer erneut als die großen Lehrmeister wissbegieriger Nachwuchs-Faultiere. Die können oft zunächst kaum fassen, mit welcher Gelassenheit ihre Chefs Probleme aller Art unter den Tisch kehren, ignorieren oder aussitzen.

Bloß nichts vorschnell zugeben

Das souveräne Krisenmanagement nach Art des arbeitsscheuen Vorgesetzten hat sich über Chefgenerationen hinweg bewährt. Seine Grundzüge sollten daher vom Faultiernachwuchs möglichst zügig erlernt werden.

1. **Umgang mit Fehlern.** Hier lautet die wichtigste Faustregel: Bloß nichts vorschnell zugeben. Anders als bei Gericht kriegen Sie vom Chef für ein Geständnis keine mildernden Umstände, sondern eine Abreibung. Also warten Sie erst mal ab, was überhaupt passiert. Oft genug nämlich gar nichts. Oder es merkt niemand etwas. Oder der Fehler wird erst entdeckt, nachdem er sich als undramatisch erwiesen hat. Für den Fall, dass man Sie bei einem Fehler erwischt, sollten Sie allerdings immer einen ganzen Packen glaubwürdiger Ausreden parat haben. Das dürfte Ihnen nicht weiter schwerfallen. Denn heutzutage sind alle Arbeitsabläufe sowieso dermaßen komplex und von externen Faktoren abhängig, dass »der Schuldige« womöglich gar

nicht existiert oder zumindest nicht eindeutig festgestellt werden kann. In diesem Zusammenhang ist es für ehrenwerte Faultiere allerdings tabu, die Schuld der Einfachheit halber einem Kollegen in die Schuhe zu schieben.

2. **Umgang mit Problemen.** Sie haben ein drohendes Problem entdeckt? Behalten Sie's für sich! Bereits in der Antike wusste man, dass der Überbringer schlechter Nachrichten gerne mal geköpft wird. Auch wenn der Bote sie wirklich nur überbracht und nicht etwa verursacht hat. Für Sie als Mitarbeiter ist das Risiko vollends unvertretbar: Wenn das von Ihnen identifizierte Problem irgendwie mit einer Entscheidung vom Chef zusammenhängt (was nicht selten der Fall ist), ist Ihre Problemdiagnose gleichzeitig auch Vorgesetztenschelte. Und damit eine Garantie für massiven Ärger. Der steht natürlich auch ins Haus, wenn das Problem eines Tages von allein für alle erkennbar ist. Genauso, wie damit zu rechnen ist, dass Ihr Chef versuchen wird, Ihnen die Verantwortung für die Situation in die Schuhe zu schieben. Dagegen können Sie sich jedoch mit der »Cover your ass«-Strategie absichern. Den eigenen Hintern immer hübsch in Deckung halten – das erreichen Sie dadurch, dass Sie unsinnige, widersprüchliche und selbstverständlich auch vorschriftswidrige Anweisungen Ihres Vorgesetzten grundsätzlich schriftlich dokumentieren, per Aktennotiz oder Protokoll. Wenn er dann mit seinen Vorwürfen angetobt kommt, können Sie freundlich lächelnd auf die Aktenlage verweisen. In den meisten Fällen wird ihn das relativ schnell wieder von der Palme bringen.

3. **Umgang mit Beschwerden.** Hier gilt die goldene Erkenntnis: »Kritik von Unwichtig ist unwichtig.« Der ungeübte Anfänger mag sich von Anpfiffen noch einschüchtern lassen – 95 Prozent aller Beschwerden jedoch werden am Ende von allen Beteiligten im mentalen Ordner »Shit happens« abgelegt. Eventuelle Rügen vom Chef an Ihre Adresse gehören leider zu den restlichen fünf Prozent. Doch auch hier können Sie mit zwei kombinierbaren Tricks Schlimmeres verhindern: Entweder Sie

lassen ihn erst mal zehn Minuten ausgiebig toben. Wenn er genug Dampf abgelassen hat, wird er wegen seines führungsschwachen Auftritts ein schlechtes Gewissen haben und daher für Ihre Ausreden empfänglicher sein. Oder aber Sie mimen den Zerknirschten: »Ich nehme Ihre Kritik sehr ernst. Geben Sie mir doch bitte bis morgen früh Zeit, um die Sache wieder in Ordnung zu bringen.« Das ist insofern clever, als Selbstverteidigungsaktionen die Sache erfahrungsgemäß nicht besser machen. Ein typischer Chef will schließlich *eines* garantiert nicht: einsehen, dass er Sie zu Unrecht kritisiert hat. Für lösungsorientiertes Denken hingegen gibt es bei aller Kritik noch Pluspunkte. Und wer weiß schon, was am nächsten Tag ist. Da wird vielleicht bereits die nächste Sau durchs Dorf getrieben.

Die Smalltalk-Falle

Ein fortgeschrittenes Faultier gestaltet sich die Arbeitszeit durch viele Plauderstündchen mit Kollegen, Kunden und Vorgesetzten so angenehm wie möglich. Und zwar ohne dadurch negativ aufzufallen, im Gegenteil. Faultiere gestalten »Hintergrundgespräche« grundsätzlich so, dass ihre Gesprächspartner die ihnen geschenkte Aufmerksamkeit genießen und nach Gesprächsende erfrischt wieder an die Arbeit gehen. Während die Faultiere den nächsten Kollegen mit einer freundlichen Bemerkung erfreuen und so an ihrer menschlichen Unentbehrlichkeit arbeiten.

Die ist, wie in Kapitel 7 erwähnt, wesentlich leichter zu erlangen als fachliche Unentbehrlichkeit. Allerdings ist gerade der beziehungsfördernde Smalltalk eine hohe Kunst, die auch Faultiere oft erst lernen müssen. Gedankenloses Daherschnattern fällt natürlich leichter, ist dafür aber nicht ungefährlich:

- Manche Themen (Politik, Religion, Sex, Kindererziehung) hinterlassen am Gesprächsende eher Feinfrost als Frohsinn.

- Gespräche über Themen, von denen Sie nichts verstehen, können zu Ihrer Enttarnung als inkompetentes Faultier führen.
- Gespräche über Themen, die die anderen nicht interessieren, können zu Ihrer Enttarnung als gemeines Plaudertaschenfaultier führen.

Die weitaus größte Smalltalk-Gefahr für Faultiere geht jedoch vom Vorgesetzten aus. Insbesondere fortschrittliche und pseudo-fortschrittliche Chefs neigen dazu, ihre Mitarbeiter nach ihrer »ehrlichen Meinung« zu Chefideen, Chefprojekten und Chefansichten zu fragen. Der Faultiernachwuchs plappert da gerne unbedarft drauflos in der Annahme, mal wieder ein Stündchen Arbeitszeit wegplaudern zu können. Was einerseits nicht völlig falsch ist, andererseits aber gewaltige Risiken in sich birgt. So müssen Sie immer damit rechnen, dass Ihr Chef mit dem Feedback, das Sie ihm geben, nicht umgehen kann. Er hat zwar ausdrücklich darum gebeten – doch wenn Sie in Ihrer Stellungnahme Sinn oder Machbarkeit seiner neuen Lieblingsidee auch nur ansatzweise in Zweifel ziehen, haben Sie ein Problem. Ihr Vorgesetzter wird Ihre Argumente als unerwünschte Kritik wahrnehmen und Sie selbst als Querulanten. Der zwangsläufig schuld ist, wenn des Chefs Lieblingsidee sich später als untauglich erweist: »Die Sache ging doch nur den Bach runter, weil Sie sie von Anfang an boykottiert haben!«

Ähnlich gefährlich ist offene Begeisterung einer Chefidee gegenüber. Der spontane Beifall bringt zwar möglicherweise Pluspunkte für Interesse und zuvorkommende Aufmerksamkeit, aber genauso wahrscheinlich auch zusätzliche Arbeit: »Wo Ihnen die Idee so gut gefällt – wie wär's, wenn Sie sich gleich dransetzen?« Angesichts dieser drohenden Gefahren sollten Anfängerfaultiere ihre sichere Deckung nie verlassen. Kommen Sie nicht in Versuchung, Ihre eigene Meinung offen kundzutun. Und kommen Sie erst recht nicht auf die Idee, Ihrem Chef nachzuweisen, dass Sie in einer Sache recht haben. Da er am Ende sowieso denkt und tut, was er für richtig hält, ist jeder Versuch, ihn eines Besseren zu belehren, die reinste Energieverschwendung. Dann lieber die gute alte »Bedenken-/Befürwortungstaktik« zur Anwendung bringen, siehe auch S. 184. Mit einem kunstvoll gesponnenen Netz aus Pro- und Contra-Argumenten können Sie Interesse und Engagement demonstrieren, wenn Sie um Ihre Meinung gebeten werden. Und mit vielen Worten kaum etwas sagen, auf das man Sie hinterher festnageln könnte.

Kommen Sie nicht auf die Idee, Ihrem Chef nachzuweisen, dass Sie in einer Sache recht haben

Dasselbe gilt übrigens auch für heikle Themen, die unter Kollegen diskutiert werden. Insbesondere für Gespräche über alles, was so über den Chef gedacht oder aber von ihm erwartet wird. Solche Unterhaltungen schaffen zwar immer ein wohliges Zugehörigkeitsgefühl, aber Ihre persönlichen Gesprächsbeiträge könnten irgendwann gegen Sie verwendet werden. Auch die Rolle des »Sprechers« im Team, der dem Chef gegenüber offen fordert, was alle anderen sich nicht auszusprechen trauen, ist denkbar gefährlich: Sie bringt Ihnen *vielleicht* die Dankbarkeit einzelner Kollegen. Aber bestimmt den Unmut des Chefs. Und zudem die Schadenfreude aller fortgeschrittenen Faultiere. Die lachen sich klammheimlich ins Fäustchen, dass da mal wieder ein unerfahrener Kollege für sie die Kastanien aus dem Feuer geholt hat.

Teamarbeit, Bürobesucher und andere Störfaktoren

Auch unter Faultieren gibt es ganz unterschiedliche individuelle Vorlieben. Während die einen jede Gelegenheit zum Smalltalk genießen, relaxen die anderen lieber ungestört hinter ihren Bildschirmen. Entsprechend unterschiedlich reagieren beide Gruppen auf äußere Zwänge wie Teamarbeit und plötzlich hereinschneiende Besucher. Die Redseligen unter den Faultieren haben damit kein Problem. Die Ruheliebenden hingegen lassen sich zu Anfang ihrer Faultierkarriere angesichts solch böser Überraschungen häufig aus ihrer Gemächlichkeit aufscheuchen. Falls auch Ihre Ruhepulswerte von dynamisch auftretenden Mitmenschen ruiniert werden, können Sie die Aufregung durch die folgenden Tricks schnell eindämmen:

- **Segen Alphatier.** In jeder Gruppe macht sich bald ein Alphatier bemerkbar. Es ist meistens dadurch erkennbar, dass es alles besser weiß, kann und macht. Und dadurch, dass es mit seiner Besserwisserei die Kollegen auf die Palme bringt. Wenn Sie ein solches Alphatier in strategisch wichtigen Momenten in seinen Anliegen unterstützen, können Sie darauf zählen, dass es im Gegenzug gerne einen Teil der Arbeit für Sie miterledigt.
- **Ausrede Alphatier.** Falls Ihr Alphatier nicht die erhoffte Kooperationsbereitschaft an den Tag legt, können Sie Ihre dürftigen Redebeiträge glaubwürdig damit begründen, dass Sie sich angesichts eines so dominant auftretenden Gruppenmitglieds gehemmt und verunsichert fühlen.
- **Strategische Aufopferung.** In jeder Arbeitsgruppe geht es früher oder später um Einzelaspekte, die nicht von allen gemeinsam erarbeitet, sondern an einzelne Gruppenmitglieder vergeben werden. Wenn Sie sich da freiwillig melden, schlagen Sie zwei Fliegen mit einer Klappe: Die Kollegen sind Ihnen dankbar – und Sie können ziemlich unkontrolliert den Zeitbedarf für die Sonderarbeit festlegen. Inklusive Ruhepausen, versteht sich.
- **Besucher abwimmeln, I:** Verzichten Sie auf die typische Faultierfrage »Wie geht es Ihnen?«. Das Risiko einer ausschweifenden Antwort ist einfach zu groß. Wenn Sie sich stattdessen auf ein knappes »Was kann ich für Sie tun?« beschränken, demonstrieren Sie damit, dass Berge von Arbeit auf Sie warten und Sie keine Zeit zu verschenken haben. Jedenfalls nicht an diesen Besucher.
- **Besucher abwimmeln, II:** Fragen Sie den Besucher freundlich, wie viel Zeit sein Anliegen wohl erfordert. Fügen Sie sogleich hinzu, dass Sie gerade jetzt dummerweise in Eile sind wegen der in Kürze anstehenden Besprechung / Klausurtagung / Feueralarm-Übung. Das stellt Ihr Pflichtbewusstsein unter Beweis,

treibt den Besucher zur Eile an und ermöglicht es Ihnen, sich recht bald wieder Ihrem Freizeitprogramm zuzuwenden.

Abschließend sei an dieser Stelle ein Störfaktor erwähnt, der redselige wie ruhesuchende Faultiere zu Anfang ihrer Laufbahn oft in erhebliche Daseinsangst versetzt: die jährliche Leistungsbesprechung. Und in der Tat ist die Befürchtung nicht völlig unbegründet, dass der Vorgesetzte bei dieser Gelegenheit ein schlampig getarntes Faultier urplötzlich aus seiner Tarnung reißt, anfällt und verschlingt. Fortgeschrittene und Überlebenskünstler unter den Faultieren haben jedoch längst auch mit dieser Gefahr zu leben gelernt. Für sie sind solche Leistungsbesprechungen nur noch nervig. Nicht weniger, aber auch nicht mehr. Diese Gelassenheit im Umgang mit dem Risiko kann und muss der Faultiernachwuchs lernen. Dies gelingt am besten, indem man sich die typischen Beurteilungsschwächen der Vorgesetzten vor Augen führt. Nach Meinung sämtlicher Karriereratgeber sind sie schon bei Bewerbungsgesprächen kaum in der Lage, die Spreu vom Weizen zu trennen. Da steht nicht zu erwarten, dass sie Leistungsgespräche professioneller meistern. Sie können sich also auch hier erfreulich oft darauf verlassen, dass Ihr Sympathiefaktor Ihren Leistungsfaktor überstrahlt.

Wenn Ihnen das zu unsicher scheint, können Sie sich auch auf die traditionell bewährte, wenngleich etwas anstrengendere Saisonarbeit verlegen. Leistungsgespräche finden häufig in einem absehbaren Jahresrhythmus statt. Da bietet es sich an, gewisse erkennbare »Formtiefs« des ersten Halbjahrs durch demonstrative Anstrengungen im zweiten Halbjahr zu neutralisieren. Dies gelingt besonders gut, wenn Sie dafür sorgen, dass in den Wochen vor der Leistungsbesprechung gehäuft Komplimente zufriedener Kunden / Geschäftspartner beim Chef eingehen. Oder Erfolgsmeldungen im Bereich Ihrer Projekte. So etwas lässt sich mit ein bisschen Geschick durchaus steuern, wie jede erfolgreiche Führungskraft gerne bestätigen wird.

Falls Ihr Chef sich von solchen Manövern nicht beeindrucken lässt und Sie unverblümt unter akuten Faultierverdacht stellt, gilt es vor allem, die Nerven zu bewahren. Die erforderliche Coolness vorausgesetzt, können Sie Ihren Leistungsmangel mit dem höchstpersönlichen Führungsverhalten Ihres Vorgesetzten erklären. Die Experten jedenfalls geben Ihnen für diese führungstheoretische Spitzfindigkeit volle Rückendeckung: »Wenn der Chef seine Leute als Faulpelze sieht (...), kommt es zu einer sich selbst erfüllenden Prophezeiung. Die Mitarbeiter werden tatsächlich faul. Sie sehen keine Chance, die Meinung des Chefs über sie zu verändern. (...) Deshalb fährt der Mitarbeiter seine Arbeitsleistung Schritt für Schritt auf jenes Niveau zurück, das ihm der Chef ohnehin unterstellt. So wird er zwar weiter für faul gehalten, aber wenigstens nicht mehr zu Unrecht.«[38] Bei autoritären Vorgesetzten ist von dieser Form der direkten Gegenoffensive natürlich abzuraten. Mit den fortschrittlichen, beziehungsdiskussionsgestählten Duz-Chefs jedoch lässt sich ein heikles Leistungsgespräch so durchaus umwandeln: in eine partnerschaftliche Diskussion über die tieferen sozio-psychologischen Zusammenhänge zwischen Self-fulfilling Prophecy und Motivation am Arbeitsplatz.

GAU *Job Enrichment* und Beförderung

Die bisherigen Ausführungen könnten zu der Vermutung verleiten, dass die Enttarnung durch Vorgesetzte und andere Fressfeinde die einzig ernstzunehmende Bedrohung des Faultierdaseins darstellt. Aus der kunstvollen Anwendung der Faultierstrategie ergibt sich allerdings ein neues, nicht unbeträchtliches Risiko: Manche Chefs schätzen ein perfekt getarntes Faultier so sehr, dass sie ausgerechnet ihm besonders verantwortungsvolle Aufgaben anvertrauen möchten. Von der Umsetzung abteilungsinterner Reformen (»Bringen Sie hier doch mal ein bisschen frischen Wind rein«) über die Leitung von Son-

Manche Chefs schätzen ein perfekt getarntes Faultier so sehr, dass sie ausgerechnet ihm besonders verantwortungsvolle Aufgaben anvertrauen möchten

derprojekten bis hin zur Vertretung des Vorgesetzten, wenn dieser im Urlaub oder auf Dienstreise weilt.

Es gibt sogar Vorgesetzte, die ein Faultier in völliger Verkennung der Tatsachen für seinen »engagierten Einsatz« mit *Job Enrichment* belohnen wollen. Was offiziell für interessantere, spannendere Aufgaben steht, aber meistens nichts anderes bedeutet als mehr Plackerei. Und – übrigens genauso wie Urlaubsvertretungen und »Frischer Wind«-Missionen – grundsätzlich Ärger mit Kollegen nach sich zieht. Die reagieren nämlich häufig neidisch auf die plötzliche Bevorzugung eines Büronachbarn und sehen gar nicht ein, warum sie sich von einem Gleichrangigen auf einmal herumkommandieren lassen sollen.

Fortgeschrittene Faultiere sind sich dieser Risiken bewusst und bemühen sich darum, sie durch größtmögliche Unauffälligkeit weitestgehend zu vermeiden. Ungeübte Anfänger hingegen sind angesichts solcher Vertrauensbekundungen vom Chef gelegentlich so geschmeichelt, dass sie spontan versucht sind, doch wieder ins Lager der Fleißarbeiter überzuwechseln. Diese Gefahr ist besonders groß, wenn ein Vorgesetzter auf die Idee verfällt, ausgerechnet ein Faultier für eine Beförderung vorzuschlagen. Was häufiger vorkommt, als man denkt. Denn erstens steht bekanntlich fest, dass solides Mittelmaß und ein angenehmes Wesen die Karriere befördern. Und zweitens bilden durchschnittlich arbeitende Faultiere die ideale Manövriermasse für personalstrategische Schachzüge: »Wird ein Abteilungsleiter um eine Empfehlung gebeten, welcher seiner Angestellten befördert werden soll, wird er sich häufig für eine weniger gute Kraft entscheiden, da er diese als entbehrlich für die eigene Abteilung einstuft.«[39]

Egal, aus welchen Gründen ein Vorgesetzter ein Faultier mit einer Beförderung beglückt – es handelt sich um eine sehr zweifelhafte Ehre, und zur Freude besteht kein Anlass. Kein Wunder, dass Corinne Maier, Expertin für verdeckte Faulheit am Arbeitsplatz, ausdrücklich vor Beförderungen warnt: »Nehmen Sie niemals und unter keinen Umständen einen verantwortungsvollen Posten an.

Sie wären verpflichtet, mehr zu arbeiten, ohne eine andere Entschädigung als ein paar tausend Euro mehr (...), und selbst das ist nicht sicher.«[40]

Der Faultiernachwuchs tut daher gut daran, sich vor spontaner Freude über vorgesetzte »Vertrauensbeweise« zu hüten und insbesondere unüberlegte Zusagen um jeden Preis zu vermeiden. Bei näherer Betrachtung werden sowohl die Fallstricke von Sondermissionen und Beförderungsangeboten sichtbar als auch mögliche Schlupflöcher. So können Sie der Verantwortung und Mehrarbeit, die die »formlose Vertretung« Ihres Chefs mit sich bringen würde, durch den Verweis auf Dienstwege und Verwaltungsrichtlinien entgehen. Die schließen nämlich die Berufung von Untergebenen zu Vertretern in der Regel ausdrücklich aus. Auf *Job Enrichment* sollten Sie allerdings mit dem gebotenen Enthusiasmus reagieren. Und das sogar nicht völlig ohne Grund: Mit etwas Geschick können Sie aus der Not eine Tugend machen. Indem Sie die Mehrarbeit zum Anlass nehmen, die angenehmen Aspekte unter Ihren neuen Aufgaben möglichst zeitaufwendig in Ihren Arbeitsablauf zu integrieren. Und dafür die unangenehmen unter Ihren alten Aufgaben möglichst zeitnah wegzudelegieren.

Diese clevere Lösung kommt bei Beförderungen nicht in Frage: Wer befördert wird, muss sich grundsätzlich erst mal heftig abstrampeln, um zu beweisen, dass er der Ehre auch würdig ist. Anfänger sollten daher nicht davor zurückschrecken, auf eine Beförderung dankend zu verzichten. Aus reiner Bescheidenheit, oder weil der Kollege Meier sie viel eher verdient hat. Die Strategen unter den fortgeschrittenen Faultieren hingegen wägen das Für und Wider einer Beförderung sorgfältig ab. Einerseits ist mit einer Phase größerer Anstrengung zu rechnen. Doch andererseits langfristig auch mit reicher Belohnung. Schließlich winkt nichts anderes als der Einzug ins Gelobte Land vorgesetzten Faultiertums, wo Dienstreisen, Geschäftsessen, Klausurtagungen, Vorzimmerdamen, Assistenten, Bonusmeilen und natürlich die technischen Raffinessen luxuriöser Chefbüros den endgültigen Abschied vom Prinzip Leistung ermöglichen.

Kapitel 11

»Sie sollen nicht denken, Sie sollen arbeiten!« oder: Glücksfall Katastrophenchef

»Nichtstun ist besser als mit viel Mühe nichts schaffen.«

Laotse

Lizenz zum Liegenlassen

Von Alpträumen und Mordphantasien bis hin zur nackten Verzweiflung – im täglichen Umgang mit einem Vorgesetzten, der das Qualitätsprädikat »Katastrophenchef« verdient, reiben sich viele Mitarbeiter völlig auf. Zermürbt durch die täglichen Zumutungen von oben, sind sie oft bereits vor Arbeitsbeginn nervlich am Ende. Doch das ist kein unabwendbares Schicksal: Geplagte Mitarbeiter können auch das Nützliche im Unvermeidbaren entdecken und ihren Katastrophenchef ganz einfach genießen. Denn seine Unarten sind in ihrer Gesamtheit nichts anderes als eine Lizenz zum Liegenlassen. Dank zahlreicher Untersuchungen steht nämlich fest, dass Leistungsfähigkeit und -bereitschaft der Mitarbeiter ganz erheblich von der Qualität ihrer direkten Vorgesetzten abhängen. Genauso fest steht, dass das Gros der Führungskräfte diverse Führungsschwächen aufweist. Beides zusammen bedeutet: Machen die Chefs ihren Vorgesetztenjob nicht richtig, sind sie selber schuld, wenn ihre Untergebenen nicht die erwünschte Performance bringen. Ätsch.

Ganze Heerscharen neugieriger Wissenschaftler sezieren mit Hingabe immer neue Facetten vorgesetzten Fehlverhaltens. Sie befassen sich mit Motivation, Delegation, Informationsfluss, Sozialverhalten, Kritikfähigkeit und ähnlichen »Kernkompetenzen«, durch die sich eine Führungskraft eigentlich auszeichnen sollte. Weil die Experten am lebenden Objekt jedoch oft genug weder Kern noch Kompetenzen vorfinden, erklären sie in Werken wie »Warum Mitarbeiter nicht tun, was sie tun sollten«[41] den Chefs, was sie alles falsch machen. In größeren Unternehmen mit eigenem Budget für Personalfortbildung wird den Vorgesetzten der Zusammenhang zwischen ihrem Verhalten und der Mitarbeiterleistung sogar immer wieder aufs Neue vorgebetet. Sie wissen, zumindest theoretisch, dass ziemlich viel von ihnen selbst abhängt.

Bürofaultiere wissen genau das auch. Die kleinen Schwächen der Vorgesetzten sind für sie keine Ärgernisse, sondern ein gefundenes Fressen. Denn sie bieten wunderbare, weil zutiefst *wahre* Begründungen dafür, dass eine bestimmte Arbeit unvollständig, falsch oder gar nicht erledigt wurde.

Ausreden, Notlügen, wortreiche Erklärungen – alles überflüssige Mühen, es reicht der diskrete Verweis auf eine typische Vorgesetztenmacke. »Sie haben mir nie gesagt, bis wann genau das fertig sein muss«, »Mir haben da ein paar ganz wichtige Hintergrundinfos gefehlt«, »Sie meinten doch, Sie wollten sich selbst drum kümmern«. Solche Alibis sind hieb- und stichfest, insbesondere, wenn die Schwächen vom Chef sowieso allgemein bekannt sind. Was fast immer der Fall ist.

Die kleinen Schwächen der Vorgesetzten bieten wunderbare, weil zutiefst *wahre* Begründungen dafür, dass eine bestimmte Arbeit unvollständig, falsch oder gar nicht erledigt wurde

Umgekehrt gelten viele Faultiere aufgrund ihrer sorgsamen Tarnung als unermüdlich, zuverlässig und engagiert. Sie genießen nicht selten sogar Wertschätzung beim Chef vom Chef. Und können Letzterem daher im Notfall, oder wenn es sich aus sonstigen Gründen anbietet, durchaus glaubwürdig die Verantwortung für Pannen und Patzer aller Art zuschieben. Diese Taktik verstößt zwar gegen die in Kapitel 9 empfohlene Strategie der Pseudo-Loyalität, kann sich aber unter Selbstverteidigungsaspekten als sinnvoll erweisen. Falls auch Sie einmal auf diese Weise Unheil abwenden oder einen Schikanechef ausbremsen wollen, sollten Sie allerdings aus Sicherheitsgründen auf das einfallslose »Befehl von oben« verzichten, das gemeine Faultiere in dieser Situation gerne verwenden. Deutlich eleganter sind Formulierungen wie: »Dr. Müller ist im Augenblick so überlastet, da hat er wohl einfach vergessen, mir von der vorgezogenen Deadline zu erzählen.«

Wer nichts macht, der macht auch keine Fehler

Der ideale Vorgesetzte freut sich über hervorragende Mitarbeiter und fördert sie nach Kräften. Der typische Vorgesetzte fürchtet sich vor hervorragenden Mitarbeitern und gängelt sie nach Kräften, siehe auch Kapitel 7. Je größer seine Kompetenzfeindlichkeit, desto sicherer ist es für seine Untergebenen, sich auf die Faultier-Schlüsselstrategie »Lieber unterschätzt als überfordert« zu besinnen. Was darauf hinausläuft, Können und Kompetenz weitgehend für sich zu behalten und möglichst unauffällig seine Arbeit zu verrichten. Nicht allzu schlecht, aber um Gottes willen nicht zu gut. Erliegen Sie nicht der Versuchung, vor einer führungsschwachen Führungskraft glänzen zu wollen. Das bringt nur Ärger und unbezahlte Überstunden. Beschränken Sie sich darauf, solides Mittelmaß zu bieten und ansonsten wie Ihre vierbeinigen Verwandten im Blätterwald möglichst unsichtbar zu bleiben. »Wer nichts macht, der macht auch keine Fehler« ist schließlich ein Prinzip, das so manchem Katastrophenchef seit Urzeiten den Blindflug durchs Berufsleben ermöglicht.

Unter solchen Umständen können übereifrige Mitarbeiter die ganze schöne mühsam ersessene Chef-Gemächlichkeit nachhaltig stören. Wenn sie einfach nicht aufhören wollen, ihre Vorgesetzten mit genialen Geistesblitzen, Verbesserungsvorschlägen und strategisch ausgerichteten Konzeptpapieren zu nerven, werden sie unmissverständlich in die Schranken verwiesen: »Sie sollen nicht denken, Sie sollen arbeiten«, »Das haben wir hier schon immer so gemacht«, »Es fehlt Ihnen offenbar noch an Erfahrung«, »Da erfinden Sie gerade das Rad neu, mein Lieber«, »Sie sind doch noch viel zu jung, um das beurteilen zu können«. Für die Fleißarbeiter ist das frustrierend. Für ihre faulen Kollegen ist es einfach großartig, geradezu Manna vom Faultierhimmel: Der Chef verkündet höchstpersönlich, dass Mitdenken und Kreativität bitte schön mit sofortiger Wirkung ersatzlos zu streichen sind.

Am besten streichen Sie da kritisches Feedback gleich auch von der Liste. Erfahrungsgemäß wollen Führungskräfte gar nicht so genau wissen, wo es in ihrem Laden klemmt. Es gibt schließlich angenehmere Beschäftigungen als die Auseinandersetzung mit Fehleranalysen der Untergebenen. Also quälen Sie Ihren Häuptling nicht mit unbequemen Wahrheiten. Sie müssen ja nicht zur Lüge greifen, wenn Ihnen Ihr Gewissen das verbietet. Beobachten Sie einfach, wie Ihr Chef *seinem* Vorgesetzten heikle Informationen verabreicht. Sie werden schnell erkennen, wie Sie sich durch homöopathische Dosierung, kunstvolles Ausschmücken und Verschönern, Bagatellisieren und Weglassen das Leben fühlbar erleichtern können.

Ohne Info keine Pflichten

Das Schöne an den Personalmanagement-Ratgebern für Führungskräfte ist, dass sie sich so glasklar ausdrücken. Deshalb springen Faultiere durchaus gelegentlich über ihren Schatten und bequemen sich dazu, das eine oder andere Fachbuch durchzublättern. Immerhin stehen da Tipps drin wie »Ungefähre Anweisungen führen zwangsläufig zu ungefähren Ergebnissen«. Das sind für Faultiere wertvolle Anregungen. Nehmen wir nur die Sache mit den ungefähren Anweisungen. Sie läuft darauf hinaus, dass geplagte Mitarbeiter sich entspannt zurücklehnen können, wenn ihr Vorgesetzter ihnen mal wieder zwischen Tür und Angel eine »wichtige« Aufgabe auf den Tisch knallt. Ohne sich darüber auszulassen, warum die Aufgabe wichtig ist, wie sie erledigt werden soll, bis wann sie erledigt sein muss, was er sich unter einer guten Erledigung vorstellt und welche von all den wichtigen Aufgaben nun eigentlich die allerwichtigste ist.

Ein Faultier macht sich in einem solchen Fall dienstbeflissen an die Arbeit und freut sich klammheimlich, nicht in das enge Korsett verbindlicher Anweisungen gezwängt zu werden. Wenn es die Arbeit nur ungefähr erledigt, ist das schließlich nicht sein Problem, sondern das seines ratgeberresistenten Vorgesetzten. Es kann zwar sein, dass der trotzdem versucht, seinem Mitarbeiter die Schuld für ungenügend Erledigtes in die Schuhe zu schieben. Doch solche Manöver perlen an Bürofaultieren ab wie ein tropischer Sommerregen an ihren Kollegen im Dschungel: Erstens haben sie von Natur aus ein dickes Fell. Und zweitens haben sie die »Cover your ass«-Strategie, mit der sie sich gegen Schuldzuweisungen wehren können, siehe S. 165.

Fast wie ein Fünfer im Lotto sind Chefs, die vor autoritärem Auftreten zurückschrecken und daher zu so schwammigen Formulierungen neigen wie: »Da müsste noch ein bisschen was dran getan werden«, »Wir sollten den Maier mal wieder kontaktieren«, »Das muss jetzt nicht heute oder morgen sein« oder »Kinder, da muss sich bitte mal einer drum kümmern«. Allesamt so vage Aufforderungen, dass es für Sie keinen zwingenden Grund gibt, sich angesprochen zu fühlen. Und für den Fall, dass Ihr Chef sich dann doch etwas präziser ausdrückt, bleibt Ihnen immer noch die Flucht nach vorn. Stellen Sie ihm einfach demonstrativ ein paar Rückfragen. Mit etwas Glück werden Sie darauf giftige Antworten zu hören bekommen wie »Schaffen Sie das nicht EINMAL alleine?«, »Muss ich denn wirklich alles selbst machen?« oder »Können Sie nicht EINMAL einfach tun, was ich Ihnen sage?«. Womit Sie das Ziel auch schon erreicht haben: Wenn ein Vorgesetzter dermaßen führungsschwach auftritt, ist es Ihnen nachzusehen, wenn Sie aus Furcht vor herabwürdigenden Bemerkungen nicht verstandene Aufgaben möglichst lange stillschweigend liegenlassen.

Faultiere, die unklare Aufgaben und fehlende Informationen zum willkommenen Anlass nehmen, lieber nichts als das Falsche zu tun, müssen übrigens noch nicht mal aus moralischen Gründen ein schlechtes Gewissen haben. Denn hinter der restriktiven Informationspolitik ihrer Chefs steckt mitunter nicht nur Vorgesetztenschusseligkeit, sondern knallharte Absicht. Ein sicheres Indiz dafür sind ölige Ausreden wie »Ich will Sie doch nicht mit diesen komplizierten Zusammenhängen überfordern!«. Klingt gut, ist aber nur gut gelogen. Gerade solcherart schwadronierende Chefs haben nämlich kein Problem damit, ihre Bodentruppen zu überfordern. Jedenfalls, was die verteilten Arbeitsmengen betrifft. Nein, hinter der väterlichen Fürsorglichkeit verbirgt sich einzig und allein die Absicht, Herrschaftswissen zu horten. Denn das ist der Garant dafür, immer einen standesgemäßen Informationsvorsprung vor den Untergebenen zu haben. Eine Desinformationspolitik, die den Chefs von den Machttheoretikern genau erklärt wird: »Mitarbeiter wollen und sollen das Ganze nicht überblicken! (...) Begründen Sie Ihre Anweisungen nur, wenn es sich nicht vermeiden lässt. (...) Denn Begründungen enthalten Argumente, und diese sind Anknüpfungspunkte für Diskussionen. Eine Diskussion wiederum setzt gleichberechtigte Kommunikation voraus – und so etwas unterminiert Ihre hierarchiehöhere Position.«[42]

Management by Champignon: alles im Dunkeln halten, regelmäßig mit Mist bestreuen. Wenn sich Köpfe zeigen: abschneiden.

In Insiderkreisen wird das übrigens »Management by Champignon« genannt: alles im Dunkeln halten, regelmäßig mit Mist bestreuen. Wenn sich Köpfe zeigen: abschneiden.

Segen Mikromanager: Wenn der Vorgesetzte am besten Bescheid weiß

Er ist der Schrecken aller selbständig denkenden Mitarbeiter: der Mikromanager, der von Natur aus alles besser weiß, sich in alles einmischt. Der fürsorglich gängelt, vorsorglich kontrolliert und nicht nur die Ausarbeitung strategischer Leitlinien als Chefsache betrachtet, sondern auch die Auswahl einer neuen Duftnote für den Seifenspender auf der Besuchertoilette. Solche Vorgesetzten tummeln sich zu Tausenden auf deutschen Chefetagen. Mikromanagement ist ein ebenso bekanntes wie berüchtigtes Führungsdefizit. Weshalb Faultiere auch an dieser Spezies der Katastrophenchefs viel Freude haben. Denn deren kleine Schwächen bieten zahlreiche völlig legitime Möglichkeiten der Arbeitsminimierung. Sie müssen Ihren Mikromanager nur zu nehmen wissen:

- Ihr Chef traut Ihnen nichts zu und sagt ständig seufzend Dinge wie »Eh ich alles lang und breit erkläre, mach ich es lieber gleich selbst«? Wunderbar. Soll er doch. Dann kann er zeigen, was er alles kann. Und Sie haben Ihre Ruhe.
- Ihr Chef findet dank akribischer Endkontrollen noch letzte kleinste Fehlerchen? Auch wunderbar. Dann können Sie sich die ganze Mühe mit der Feinarbeit sparen und ihm außerdem das wohlige Gefühl vermitteln, dass seinem Adlerauge nun mal nichts entgeht.
- Ihr Chef überlässt Ihnen Verantwortung nur in homöopathisch kleinen Dosen? Am wunderbarsten. Dann können Sie unmöglich schuld sein, wenn etwas nicht so läuft wie geplant.

Gezielte Beschäftigungstherapien bringen die Vorzüge des Mikromanagers in ihrer ganzen Bandbreite zur Geltung. Der Klassiker in diesem Bereich ist die gut platzierte Rückfrage. Ein Mikromanager wird stets von väterlichem Verantwortungsgefühl übermannt, wenn Sie ihn um Erklärung eines letzten Details bitten, bevor Sie sich an die Arbeit machen. Aus naheliegenden Gründen empfiehlt es sich, Rückfragen vor allem dann zu stellen, wenn Ihr Vorgesetzter auf Dienstreise oder im Urlaub weilt. Da ist er abgelenkt und kann nicht immer gleich antworten (Segen Zeitverschiebung!). Was es Ihnen erlaubt, die Arbeit, die Ihnen Ihr Chef vor der Abreise aufgetragen hat, in aller Gemütsruhe auf die Zeit nach seiner Rückkehr zu verschieben. Und das sogar, ohne dafür angemault zu werden: Ein echter Mikromanager wird höchstens erfreut feststellen, dass der Laden ohne ihn einfach nicht läuft.

Da solche Vorgesetzte grundsätzlich über alles informiert sein wollen, können Sie sie durch extensiven Schriftverkehr nicht nur beschäftigen, sondern sich obendrein als Mitarbeiter positionieren, der auf vorbildliche Weise den Informationsfluss pflegt. Schicken Sie einfach alle von Ihnen verfassten oder erhaltenen E-Mails, Briefe, Faxe, Berichte und vertraulichen Unterlagen, die halbwegs wichtig oder interessant aussehen, in Kopie an Ihren Chef weiter. Mit etwas Übung können Sie auch aus einfachen Textbausteinen eindrucksvolle Statusberichte fertigen; diese werden von Mikromanagern stets mit besonderem Wohlwollen durchgearbeitet. Die Scherzkekse unter diesen Vorgesetzten goutieren auch Web-Witze; die Golfer, Taucher, Weinliebhaber und Amateur-Archäologen unter ihnen erfreuen sich auch an heißen Tipps für ihre Hobbys. Womit auch immer Sie Ihren Mikromanager füttern: Hauptsache viel. Und Hauptsache irgendwie begründbar. Sonst könnte er am Ende Ihre Absicht durchschauen, ihn durch reichlich Lesestoff ruhigzustellen.

Da Mikromanager meist auch amtliche Reichsbedenkenträger sind, stellt das sorgenzerfurchte Vorbringen von Zweifeln ebenfalls eine höchst effiziente Beschäftigungsstrategie dar. Man unterscheidet zwischen der einfachen Bedenkentaktik und der Bedenken-/Befürwortungstaktik. Beide eignen sich besonders für das Verzögern oder sogar Kippen von Projekten, die für Sie mit Mehrarbeit und anderen Unbequemlichkeiten verbunden wären. Bei der einfachen Bedenkentaktik reicht es völlig, altbewährte Zweifel wie »zu teuer«, »juristisch riskant«, »ein Sicherheitsrisiko« oder »technisch nicht umsetzbar« zu äußern. Die Bedenken-/Befürwortungstaktik ist raffinierter, aber etwas anspruchsvoller in der Umsetzung. Sie erfordert die Anfertigung möglichst langer, möglichst komplexer Pro- und Contra-Listen. Deren Erfolg ist allerdings durchschlagend: Wenn Sie nur einfallsreich genug mit bedeutungsschwangeren Argumenten wie »Einerseits ziemlich kostenintensiv, aber andererseits natürlich im Bereich B2B ein großer Schritt Richtung Leadership« oder »Ziemlich gewagte Features – aber wahrscheinlich erreichen wir gerade mit denen die jüngeren Decision Makers« hantieren, wird Ihr Mikromanager monatelang selbstvergessen über seiner Entscheidungsmatrix brüten. Voraussichtlich ergebnislos.

Die Schokoladenseite der Schikanechefs

Der autoritäre Vorgesetzte, der seine Untergebenen schon aus Prinzip im Kasernenhofton herumkommandiert, ist der Inbegriff des Katastrophenchefs. Dieser Vorgesetzte hat immer recht, betrachtet Rückfragen als Majestätsbeleidigung und bestraft selbst kleinste Versäumnisse mit Zurechtweisungen irgendwo zwischen Schauprozess und Gemetzel. Solche Chefs sind zugegebenermaßen nur schwer zu ertragen. Doch selbst ihnen kann ein genügsames Faultier noch Vorzüge abgewinnen. Dank seines dicken Fells prallen ruppige Umgangsformen an ihm ab. Und da es nicht ständig Frust und Ärger runterschlucken muss, ist sein Geist entspannt und offen für jede sich bietende Gelegenheit der Arbeitsminimierung. Eine solche Gelegenheit steckt selbst in Kommandos wie »Tun Sie gefälligst, was ich Ihnen sage!«. Es handelt sich hier schließlich nicht nur um eine Anweisung. Sondern gleichzeitig auch um ein Angebot. Das Angebot, nur das zu tun, was der Chef gesagt hat. Und den Rest liegenzulassen, in diesem Falle tatsächlich und hochoffiziell auf Befehl von oben.

Ähnlich günstig lässt sich das beliebte »Sie sollen nicht denken, Sie sollen arbeiten!« auslegen. Es beseitigt letzte Zweifel daran, dass auch Ihr Chef zu den Führungskräften gehört, die auf kreativen Input vonseiten ihrer Untergebenen keinen Wert legen. Also können Sie sich diese Mühe sparen. Zumal seit einiger Zeit nachgewiesen ist, dass viele Chefs selbst glasklare Mitarbeiterargumente einfach ignorieren, wenn die nicht zu ihrer eigenen Meinung passen.

»Tun Sie gefälligst, was ich Ihnen sage!« Nicht nur eine Anweisung, sondern gleichzeitig auch ein Angebot.

Apropos Nachweise: Inzwischen haben nicht nur die Untergebenen so ihre Erfahrungen mit autoritären Vorgesetzten, sondern auch die Stressforscher. Die nehmen dankenswerterweise gerade die Schikanechefs mit besonderem Interesse unter die Lupe und finden viele Belege dafür, dass fast aller

Stress vom Chef ausgeht. Diese Erkenntnis ist für geplagte Mitarbeiter nicht weiter überraschend. Sie kann aber nun, da sie von der Wissenschaft quasi offiziell abgesegnet wurde, von Ihnen zu Selbstverteidigungszwecken verwendet werden. Ihr Chef ist dafür bekannt, seine Mitarbeiter ständig unter Druck zu setzen? Das ermöglicht es Ihnen, Kunden, Geschäftspartnern und durchaus auch den hausinternen Personalern gegenüber jedweden Fehler auf den »schier unerträglichen Stress in der Abteilung« zu schieben. Eine glaubwürdige Ausrede, noch dazu durch aufrichtiges Mitleid Ihrer Gesprächspartner gekrönt.

Allerdings kosten Fehler das Unternehmen Geld. Deshalb kann es für Faultiere, die Fehler machen, theoretisch brenzlig werden. Doch auch hier erweisen sich die Wissenschaftler wieder als wahre Schutzengel. Die Betriebswirtschaftler unter ihnen stellen nämlich inzwischen konkrete Berechnungen darüber an, was die Stressmacher unter den Vorgesetzten ihre Unternehmen so kosten. Nicht nur durch stressbedingte Fehlleistungen der Untergebenen, sondern auch durch höhere Personalfluktuation, geringere Produktivität, höhere Fehlzeiten, Arbeitsgerichtsprozesse und verdeckte Racheaktionen drangsalierter Mitarbeiter. In seinem wegweisenden Werk »Der Arschloch-Faktor. Vom geschickten Umgang mit Aufschneidern, Intriganten und Despoten im Unternehmen« spricht Stanford-Professor Robert J. Sutton in diesem Zusammenhang recht anschaulich von »AGKs«, von »Arschloch-Gesamtkosten«.[43] Sein Berechnungsmodell können Faultiere in größeren Unternehmen mit eigener Personalabteilung selbstbewusst ins Gespräch bringen, falls ihnen unterdurchschnittliche Leistung vorgeworfen wird. Je nachdem, wie hoch die AGKs sind, die ihr Chef verursacht, muss er womöglich eher um seine Haut fürchten als jedes arme gebeutelte Faultier.

Faultiers Lieblings-Vorgesetzte

Neben den Mikromanagern, den Informationsverweigerern und den Schikanechefs gibt es noch eine ganze Reihe weiterer typischer Katastrophenchefs, die unter Faultiergesichtspunkten durchaus ihre Meriten haben:

- **Die Abwesenden.** Sei es nun aus Schüchternheit, Hochmut oder einfach nur aufgrund zahlreicher Dienstreisen: Diese Chefs sind so gut wie nie anzutreffen. Also können Sie ihnen ebenso leicht wie wahrheitsfern unermüdlichen Arbeitseifer vorgaukeln, nach dem Motto »Das war wirklich kaum zu schaffen, Chef«, »Da steckt mein Herzblut drin« oder »An dem Bericht hab ich tagelang gearbeitet«.
- **Die Hobby-Psychologen.** Sie gefallen sich in der Rolle des verständnisvollen Vorgesetzten. Wenn Sie sie wegen eines kleinen persönlichen Problems um Rat bitten, können Sie aus der Situation zweierlei Nutzen ziehen: 1) viele arbeitsferne Gespräche mit Ihrem mitfühlenden Chef; 2) die Befreiung von schwierigeren Aufgaben, die Ihnen »in Ihrem Zustand« gerade nicht zuzumuten sind. Bei ernsthaften Problemen ist vom Einsatz dieser Strategie allerdings abzuraten.
- **Die Quasselstrippen.** Sie kommen gerne auf einen Plausch vorbei. Ihr fürsorgliches »Na wie geht's?« bedeutet in Wirklichkeit »Mir ist gerade so langweilig!«. Was Faultiere nur zu gerne als Aufforderung verstehen, alles andere stehen- und liegenzulassen, um erst mal *dieses* akute Chef-Problem zu lösen.
- **Die Gestressten.** Für sie ist grundsätzlich alles »dringend«. Weshalb sie damit leben müssen, dass ihre Mitarbeiter selbst entscheiden, was sie sofort bearbeiten. Und welche lästigen/unangenehmen/anstrengenden Angelegenheiten sie lieber noch ein bisschen liegenlassen.
- **Die Motivationsgegner.** Lob und Anerkennung sind bei diesen Chefs grundsätzlich nicht im Angebot. Ihr Lieblingssatz lautet: »Dafür werden Sie schließlich bezahlt!« Stimmt. Und genau deshalb gibt es für Sie überhaupt keinen Grund, auch

nur einen Handschlag mehr zu machen, als in Ihrer Arbeitsplatzbeschreibung festgelegt ist.

- **Die Neurotiker.** Erkennbare Psychomacken von Vorgesetzten sind zwar unter Umständen gewöhnungsbedürftig. Doch unter Arbeitsvermeidungsgesichtspunkten können sie sich auch als wunderbar erweisen. Etwa, wenn Ihr Chef an Ihnen nicht Ihre Leistung schätzt, sondern einzig und allein Ihre Bereitschaft, sich seinem Kontrollzwang / Ordnungswahn / Ernährungstick / Aberglauben / Sternzeichen diskret anzupassen.
- **Die Chaoten.** Sie müssen befürchten, dass es stimmt, wenn Sie sich mit »Davon haben Sie mir aber nie was gesagt!« verteidigen. Also trauen sie sich nicht zu schimpfen, wenn Sie eine Aufgabe nicht erledigt haben. Unabhängig davon haben solche Chefs oft schon nach ein paar Tagen völlig vergessen, dass sie Ihnen überhaupt eine bestimmte Arbeit zugewiesen haben.

Wenn der Chef selber ein Faultier ist

Auch vorgesetzte Faulenzer gehören in die Kategorie »Katastrophenchefs«. Jedenfalls für alle engagierten Mitarbeiter. Die kennen sich mit den wahren Großmeistern der Faultierstrategie im Job (siehe Kapitel 5) notgedrungen so gut aus, dass sie sogar zwei vollkommen verschiedene Subspezies vorgesetzter Faulenzer voneinander unterscheiden können. Da sind einerseits die Vorgesetzten, die ihr Faultiertum mit Hilfe der in diesem Buch beschriebenen Strategien hinter demonstrativer Geschäftigkeit verbergen. Ihr Ziel ist weniger die beschauliche Muße an sich als vielmehr ausreichend frei verfügbare Zeit für karrierepflegendes Powerplay. Und da sind andererseits die echten Faulenzer unter den Chefs: Sie haben offen und unverkennbar keine Lust, ihren Job zu machen. Genau wie ihr TV-Vetter Bernd Stromberg laden sie lästige Chefaufgaben grundsätzlich bei arbeitswilligen Untergebenen ab. Sie reden lieber über ihre letzten Ferienerlebnisse als über brennende Sachfragen. Sie sind garantiert immer »kurz Kaffee trinken«, wenn sie gebraucht werden. Und sie betreiben mit Hingabe *Management by Pingpong:* Sie schieben alle Angelegenheiten so lange hin und her, bis sie sich erledigt haben.

Der karriere- und der freizeitorientierte Chef haben gemein, dass sie inzwischen von aufmerksamen Forschern durchschaut werden: »Je isolierter er wirkt und je weniger nachvollziehbar ist, was ein Chef tut, desto wahrscheinlicher ist, dass er gar nichts tut.«[44] Und beide Subspezies sind durch eine Reihe gemeinsamer Merkmale gekennzeichnet:

- **Häufige Geschäftsessen und »Meetings«.** Die Powerplayer treffen sich bevorzugt mit Verbündeten und solchen, die es werden könnten. Die echten Faulenzer hingegen verspeisen ihre Spesen am liebsten mit Kumpels aus Studientagen.
- **Prosecco fürs Personal.** Beide Subspezies vorgesetzter Faulenzer spendieren ihren Untergebenen gerne aus strategischen Gründen ein Fläschchen. Der Powerplayer will in erster Linie Sozialkompetenz demonstrieren und nebenbei den neuesten Tratsch aufschnappen. Der echte Faulenzer will in erster Linie den neuesten Tratsch aufschnappen und nebenbei die Zeit bis zum Feierabend verkürzen.
- **Häufige Dienstreisen.** Grundsätzlich geht es eher um »Reise« als »Dienst«. Der Powerplayer reist jedoch, um sein Netzwerk zu pflegen, während beim echten Chef-Faulenzer eher der Shopping-Aspekt im Vordergrund steht.

Während Faultiere mit der häufigen Abwesenheit des Chefs überhaupt kein Problem haben – wer nicht da ist, der kann auch nichts kontrollieren –, verzweifeln engagierte Mitarbeiter mit schöner Regelmäßigkeit an den Arbeitsvermeidungsstrategien ihrer Vorgesetzten. Dabei könnten sie auch großzügig Verständnis entwickeln und lockeres *Laissez-faire* an den Tag legen. Nicht nur zu ihrem eigenen Besten, sondern auch zum Besten ihrer Chefs. Immerhin billigen einige Wissenschaftler vorgesetzten Faultieren mildernde Umstände zu. Vorgesetzte sind dem Überstundenwahn schließlich in besonderem Maße ausgesetzt und haben daher oft gar keine andere Wahl, als die Zeit bis zum Bore-out totzuschlagen. Andere wiederum landen im Burn-out, nachdem sie jahrelang das Letzte aus sich und anderen herausgeholt haben.

Kann alles sein. Den Faultieren ist allerdings weitgehend wurscht, warum genau ihr Chef sich vor der Arbeit drückt. Ob nun ausgebrannt oder einfach nur zu Tode gelangweilt – ihnen ist der Faultier-Katastrophenchef mit Abstand der liebste. Denn er ist ihr Bruder im Geiste, ihr wichtigster Verbündeter im kunstvollen Einsatz der »Robinson-Taktik«: dem gemeinsamen Warten auf den Freitag. Dieses Ziel wird natürlich nie offen ausgesprochen; vorgesetzte wie untergebene Faultiere wissen schließlich um den unschätzbaren Wert einer guten Tarnung. Also gibt der Chef pro forma den anspruchsvollen Vorgesetzten. Doch seine Mitarbeiter dürfen sich getrost darauf verlassen, dass der Anspruch nur gespielt ist. Schon seit längerem steht nämlich fest, dass zumindest die inneren Emigranten unter den Chefs nachweislich eine ganze Reihe handfester Faultiervorzüge aufweisen: Ihre Entscheidungen sind auf Pseudo-Harmonie ausgerichtet und lassen oft jede Konsequenz vermissen. In Besprechungen scheuen sie direkte Auseinandersetzungen und sehen großzügig über Fehler hinweg. Sie kontrollieren nur oberflächlich, kritisieren zwar, aber ohne die notwendige Klarheit. Und sie zeigen sich den Wünschen ihrer Mitarbeiter gegenüber übermäßig aufgeschlossen.[45]

Mehr kann man als Faultier eigentlich kaum verlangen.

Kapitel 12

Mit den Waffen eines Faultiers: Fiese Vorgesetztentricks erkennen und erfolgreich abwehren

»Unversehens lässt es sich fallen, hängt nur mehr an den Hinterbeinen und haut mit beiden Armen blitzschnell zu – scharf gezielt und mit verblüffender Heftigkeit. Zum Zurückspringen ist es zu spät. Schon hast du blutige Schrammen …«

Hermann Tirler, Tagebuch eines Faultiers[46]

Überleben in feindlicher Biosphäre

Faultiere sind gemeinhin genügsam, friedliebend und pflegeleicht. Unter ihnen gibt es weder Machtkämpfe noch Futterneid; ihr ganzer Ehrgeiz beschränkt sich darauf, möglichst ungestört abzuhängen. Ihr natürliches Ruhebedürfnis ist so ausgeprägt, dass sie sich selbst von ihren Feinden nicht aufschrecken lassen. Stattdessen vertrauen sie darauf, dass ihre natürliche Tarnung und ihre weitgehende Reglosigkeit sie im Blätterwald unsichtbar für die Augen möglicher Angreifer machen. Werden sie allerdings entdeckt und angefallen, wehren sie sich überraschend heftig. Die vermeintlich schwachen, trägen Opfer entpuppen sich als ernstzunehmende Gegner. Sie sind kräftig, zäh und hauen mit ihren scharfen Klauen so hart zu, dass so manchem Fressfeind recht schnell der Appetit vergeht.

Genau wie seine Verwandten im Dschungel ist das Bürofaultier eigentlich zu faul für Kämpfe aller Art. Es setzt daher so lange wie möglich auf passive Selbstverteidigungsstrategien: möglichst wenig auffallen, möglichst wenig Angriffsfläche bieten, den eigenen Müßiggang möglichst clever tarnen. So schützen die Faultiere im Job ihre Lebensqualität und setzen sich gegen Druck und Ausbeutungsversuche gewaltfrei zur Wehr. Jedes Faultier ein kleiner Gandhi der Arbeitswelt sozusagen, ein Musterbeispiel friedlicher Notwehr gegen unzumutbare Arbeitsbedingungen. Zwar geht es den meisten Faultieren dabei eher um Bequemlichkeit als um philosophische Erwägungen. Doch unterm Strich bleibt eine beeindruckende Friedfertigkeit, die sich wohltuend abhebt von der Kriegsrhetorik der Karriereratgeber. Beispiel gefällig? »Beim *Kampf um die Existenz* geht es Ihnen nicht anders als Cowboys beim Rodeo: Ihre Mitarbeiter sind Kollegen, vielleicht sogar Freunde, aber zugleich Konkurrenten, von denen es leider nicht alle ins Finale schaffen. Für Sie kommt es aber vor allem darauf an, sich möglichst lange auf dem Pferd zu halten und nicht abgeworfen zu werden.«[47] Das heißt im Klartext nichts anderes als: »Wer seinen Chefsessel retten will, sollte im Zweifelsfall bei der Wahl der Mittel nicht zimperlich sein.«

Vorgesetzte auf der Suche nach einschlägigen Tipps finden wertvolle Anregungen in Standardwerken über die Strategien der Machtausübung. Im Angebot sind Bücher wie »Karriere im Minenfeld. Subversive Strategien zur Selbstverteidigung am Arbeitsplatz«,[48] »Machtspiele. Die Kunst, sich durchzusetzen«[49] oder auch, als kleine Alternative aus einem anderen Blickwinkel, »Lügen in der Chefetage. Gesammelte Unwahrheiten aus dem Management«.[50]

Doch auch Bürofaultiere können anders. Wenn sie angegriffen werden, wehren sie sich ebenso heftig wie ihre vierbeinigen Verwandten.

Wer sie liest, reibt sich erstaunt die Augen: So manche Chefmarotte, die nicht mehr zu sein schien als eine »menschliche Unart« oder eine »bedauerliche Führungsschwäche«, entpuppt sich da als reine Absicht, als nüchternes machtpolitisches Kalkül.

Neigt ein Chef zu fiesen Tricks, so ist ihm durch gute Tarnung und friedlichen Widerstand nicht beizukommen. Doch auch Bürofaultiere können anders. Wenn sie angegriffen werden, wehren sie sich ebenso heftig wie ihre vierbeinigen Verwandten. Sie haben zwar keine Klauen, aber dafür andere Selbstverteidigungsmittel von vergleichbarer Durchschlagskraft. Mit denen können sie die Falschspieler und Schikanechefs unter den Vorgesetzten gegen jede Erwartung das Fürchten lehren. Merke: Ein Faultier zu unterschätzen ist ein weitverbreiteter Fehler. Der im Normalfall für das Faultier sehr angenehm ist. Und im Angriffsfall für seine Gegner sehr unangenehm werden kann.

Fiese Tricks 1: Viel Ehre, viel Arbeit

Anerkennende Worte im Job sind selten. Da werden Fleißarbeiter und selbst Faultiere rot vor Freude, wenn der Chef sie zu sich bittet und mit ihnen über Vertrauen und Verantwortung spricht. Über das Vertrauen, das er speziell zu *ihnen* (und nicht etwa zu anderen Kollegen) hat. Und über die Verantwortung, die er speziell *ihnen* zu überlassen gedenkt. Bei solchen Gelegenheiten sagen Vorgesetzte Dinge wie: »Mir ist es das Liebste, wenn *Sie* diese Aufgabe übernehmen, da weiß ich wenigstens, dass nichts schiefgehen kann«, »Sie können das doch so gut« oder »Sie sind der Einzige, auf den ich mich in der Sache verlassen kann«. Das klingt nach großer Ehre und ist vielleicht sogar eine. Es hat allerdings den Haken, regelmäßig mit viel zusätzlicher Arbeit verbunden zu sein. Die der Mitarbeiter – so die Chefrechnung – allein deshalb perfekt erledigt, weil er sich geehrt, geschmeichelt und daher besonders verpflichtet fühlt.

Falls der Mitarbeiter den Braten riecht und versucht, sich der ehrenvollen Aufgabe irgendwie zu entziehen, legen die geübten Taktiker unter den Chefs gerne nach. In der Variante »Sie dürfen mich bei der Sache nicht hängen lassen – ich zähle auf Sie!« machen sie auf Mitleid. In der Spielart »Ich kann mich doch auf Sie verlassen, oder?« versuchen sie es mit einem Hauch von Drohung. Und wenn sie mit besorgter Miene »Trauen Sie sich das zu?« fragen, bedarf es jahrelanger Faultiererfahrung, um nicht durch ein spontanes Ja in die Falle zu tappen.

Das passiert umso eher, je fürsorglicher und freundlicher so ein Vorgesetzter auftritt. Es kann natürlich sein, dass Sie es tatsächlich mit einem herzensguten Exemplar zu tun haben. Doch mindestens genauso groß ist die Wahrscheinlichkeit, dass die Freundlichkeit einzig und allein als Mittel zum Zweck dient. Und zwar dem, die Mitarbeiter ganz ohne Mehrkosten zu mehr Arbeit zu bewegen. Die Gefahr geht nach Ansicht von Experten für Machtspiele insbesondere von Vorgesetzten aus, die mit ihren Mitarbeitern per du sind. Hat der Chef sich erst mal erfolgreich als Freund und Vertrauter positioniert, zählt kaum noch ein Untergebener kleinlich Überstunden. Erst recht nicht, wenn es darum geht, dem Duzfreund aus der Patsche zu helfen. Der Verdacht auf einen fiesen Cheftrick ist gegeben, sobald die »Patsche« regelmäßig auf unbezahlte Mehrarbeit hinausläuft. Es lohnt sich eben genau hinzuschauen, wenn der Vorgesetzte mal wieder begeistert von »Wir sind doch alle eine große Familie« schwadroniert. Denn so schön die Vorstellung auch ist – in der Praxis stecken oft ziemlich profane Absichten dahinter. Etwa diejenige, sich bei einem Personalausfall die Kosten für eine externe Urlaubs- oder Krankheitsvertretung sparen zu können. In einer Familie packen schließlich alle klaglos mit an, wenn Not am Mann ist.

Für den fiesen Trick »Viel Ehre, viel Arbeit« gilt, was auch für alle anderen hier beschriebenen fiesen Cheftricks gilt: Das mit Abstand Wichtigste ist, sie überhaupt als solche zu erkennen. Gefahr erkannt, Gefahr halbwegs gebannt. Wer die Machtspielchen vom Chef durchschaut, kann überlegter auf sie reagieren. Und mit einiger Übung sogar schlaue Gegenstrategien entwickeln. Im »Viel Ehre, viel Arbeit«-Spiel ist schon viel gewonnen, wenn Sie der Schmeichelattacke Ihres Chefs nicht spontan in die Falle gehen. Erbitten Sie sich grundsätzlich Bedenkzeit, wenn er Ihnen eine Arbeit »anvertrauen« will. Diese Bitte zeugt von überlegtem Umgang mit Ihrem Aufgabenbereich; Ihr Chef wird Ihr Anliegen daher kaum ablehnen können. In der so gewonnenen Zeit können Sie erstens den Arbeitsaufwand genau analysieren. Und sich zweitens eine Verteidigungslinie aus passenden Ausreden und geschickten Forderungen basteln. Sofern Sie die letzten Kapitel aufmerksam durchgelesen haben, dürfte es Ihnen nicht schwerfallen, die neue Aufgabe nach Ihrer Bedenkzeit schließlich doch freudestrahlend anzunehmen, dafür aber ein paar andere, lästige Arbeiten hochoffiziell auf Eis zu legen. Und Ihrem Chef im besten Fall noch eine Aushilfe abzuschwatzen.

Fiese Tricks 2: Das vergiftete Geschenk

Fast alle Mitarbeiter kennen den Frust, den die Anerkennungsverweigerer unter den Chefs verbreiten. Die Unfähigkeit, Untergebene durch positives Feedback zu fördern, gilt als typisches Führungsdefizit. Doch hinter dieser Schwäche steckt nicht selten reine Taktik. Am bekanntesten ist noch das Vorgesetztenprinzip, Mitarbeitern grundsätzlich lobende Worte zu versagen, damit die Bäume ihres Selbstbewusstseins und damit die Gehaltsforderungen nicht in den Himmel wachsen. Doch wer ist sich schon im Klaren darüber, dass es auch Chefs gibt, die für eine getane Arbeit bewusst den Falschen loben, um unter den Mitarbeitern Zwietracht zu säen? Dahinter steht eine einfache Überlegung: Wenn die Kollegen sich untereinander nicht grün sind, besteht wenig Gefahr, dass sie gemeinsame Sache gegen ihren Vorgesetzten machen. Ähnlich klare Absichten haben Chefs, die ihre Mitarbeiter einem ständigen Wechselbad aus überschwänglichem Lob und demonstrativ verweigerter Anerkennung aussetzen. Auf diese Weise halten sie insbesondere Untergebene mit schwachem Selbstvertrauen geschickt in ständiger Unsicherheit. Die können sich nämlich nie wirklich darauf verlassen, es dem Chef recht zu machen. Und reiben sich auf bis zur Erschöpfung in der ewigen Hoffnung, ihrem Meister endlich mal wieder ein freundliches Wort zu entlocken.

So manche Beförderung entpuppt sich erst recht als vergiftetes Geschenk. Im letzten Kapitel haben wir gesehen, dass es bei Beförderungen sowieso selten darum geht, die Besten zu belohnen. Sondern eher darum, unliebsame oder unbegabte Mitarbeiter »wegzuloben«. Einige Chefs sprechen auch Beförderungen aus, um für spätere Zeiten einen dankbaren und treuen Gefolgsmann zu gewinnen. Oder um dadurch indirekt einen Feind zu schwächen. Zum ausgesprochen miesen Trick wird die Beförderung in dem Moment, in dem sie einzig und allein vorgenommen wird, um einen Mitarbeiter demnächst auf die Straße zu setzen. Was auf den ersten Blick unlogisch klingt, aber offenbar immer häufiger passiert: »Eine sehr beliebte Methode, um unliebsame Mitarbeiter loszuwerden, und vor allem im Mittelstand verbreitet ist die Beförderung. Dabei werden ehemalige angestellte Führungskräfte z. B. zu Geschäftsführern gemacht und erhalten einen neuen Vertrag mit kurzen Kündigungsfristen. Da sich die Beförderten in Sicherheit wiegen, unterschreiben sie gerne – um kurze Zeit später die Kündigung zu erhalten. Eine der preiswertesten Methoden, hohe Abfindungen zu vermeiden.«[51] Wie gut, dass Faultiere nicht nur dank ihrer natürlichen Trägheit, sondern auch durch eine gesunde Portion Misstrauen vor dieser fiesen Falle geschützt sind.

Fiese Tricks 3: Die strategische Überforderung

Für das Personal gehören Aufopferungsbereitschaft und grenzenloser Einsatz heutzutage zum Anforderungsprofil. Und viele Mitarbeiter beugen sich dem Druck auch bereitwillig. Insbesondere, wenn sie sowieso schon in der »Wir sind doch alle eine große Familie«-Falle sitzen. Sie geben Tag für Tag ihr Bestes in der Annahme, dass sie durch ihre persönliche Anstrengung den Erfolg ihres Unternehmens sichern und damit ihren Arbeitsplatz erhalten können. Immerhin steht die berühmte Konkurrenzfähigkeit auf dem Spiel – da gehen die Mitarbeiter automatisch davon aus, dass der Chef gar keine andere Wahl hat, wenn er sie bis zur Halskrause mit Arbeit zuschüttet. Dabei steckt hinter der systematischen Überbeanspruchung von Mitarbeitern oft genug weniger das Firmenwohl als vielmehr ein höchst persönliches Machtinteresse: »Aus Langeweile sind schon viele Intrigen geboren worden. (…) Deshalb müssen Sie als Manager dafür sorgen, dass Ihre Mitarbeiter jederzeit mit reichlich Arbeit eingedeckt sind.«[52]

Die Cleverles unter den Vorgesetzten haben viele Tricks auf Lager, um ihre Mitarbeiter permanent auf Trab zu halten. Hier eine kleine Übersicht über die beliebtesten Formen des Überlastungsmachtspiels:

- **Die Zuständigkeitsfalle.** Ein sicheres Indiz für diesen fiesen Trick sind ständige Kompetenzüberschneidungen innerhalb des Teams. Die haben für den Chef die angenehme Folge, dass die Untergebenen Arbeit häufig doppelt erledigen und auf diese Weise immer hübsch beschäftigt sind. Wenn die Doppelarbeit auffliegt, treten sie erfahrungsgemäß nicht etwa gemeinsam dem Vorgesetzten gegenüber und bemühen sich um klare Zuständigkeiten, sondern beharken sich lieber gegenseitig. Was wiederum getreu dem bewährten Motto »Teile und herrsche« die Machtposition des Chefs festigt.
- **Die Arbeitsmengenfalle.** In schöner Offenheit erklärt ein Karriereratgeber, wie diese Falle sich erfolgreich gegen »zu forsche« Mitarbeiter einsetzen lässt: »Sie verdoppeln ganz schlicht das Arbeitspensum, während Sie gleichzeitig so tun, als ob sich kaum etwas verändert hätte. Die so Überladenen werden ihren Job höchstwahrscheinlich nicht bewältigen können. Dieses nehmen Sie wiederum zum Anlass, die Mitarbeiter öffentlich zu kritisieren, etwa in dem Sinne, dass sie den Anforderungen des Unternehmens offensichtlich nicht mehr voll gerecht werden.«[53] Resultat: Die Mitarbeiter, die in diese Falle tappen, beginnen an sich zu zweifeln. Statt Forderungen zu stellen, werden sie alles daran setzen, den Turbo-Anforderungen irgendwie gerecht werden zu können. Denn ihren guten Ruf in der Firma wollen sie ja schließlich nicht verlieren.
- **Die Unmöglichkeitsfalle.** Sie besteht darin, allzu eifrigen – und damit potentiell gefährlichen – Untergebenen Aufgaben zu übertragen, die zeitlich, finanziell oder logisch unlösbar sind. Auf der Fiesheits-Skala steht dieser Trick ziemlich weit oben. Trotzdem wird er wärmstens empfohlen, weil er so hervorragend funktioniert: »Engagierte Mitarbeiter, die dieses Machtspiel nicht durchschauen, beißen sich an den unlösbaren Aufgaben die Zähne aus, ohne zu bemerken, was gespielt wird. Schnell können sie vor der versammelten Mannschaft – aufgrund ihres vermeintlichen Versagens – als ungeeignet für komplexe Problemlösungen hingestellt werden.«[54]
- **Die Drei-Prozent-Falle.** Ist einem guten Mitarbeiter anders nicht beizukommen, empfiehlt der Chef-Ratgeber »Die Pepe-

roni-Strategie«,[55] die Qualitäten einer Arbeit gänzlich zu ignorieren und sich stattdessen ausschließlich auf ihre Fehler zu konzentrieren – und seien sie auch noch so nebensächlich. Ehrgeizige Mitarbeiter kann man so klein halten und obendrein zum Besten der Firma in den Perfektionismus treiben. »Schön ist das nicht, aber sehr wirkungsvoll.«[56]

- **Die Feierabend-Falle.** Am wirkungsvollsten ist die Feierabend-Falle am frühen Abend oder am Freitagnachmittag. Den Chefs wird genau erklärt, wie's geht: »Bitten Sie den Mitarbeiter zu sich ins Büro (...). Sagen Sie: ›Ich möchte, dass Sie einmal über Folgendes nachdenken ...‹ Dann schenken Sie ihm zwei Kritikpunkte mit kurzen, ruhigen, erläuternden Worten ein – und schicken ihn nach Hause ins Wochenende.«[57] Nun wird der Mitarbeiter viel Zeit zum zermürbenden Grübeln haben – und am Montag danach von ganz allein ganz klein mit Hut sein.

Diese Highlights aus der Chef-Trickkiste sind nicht leicht zu durchschauen. Doch wenn sich nicht nur die Arbeitsmengen häufen, sondern auch vermehrt Kompetenzrangeleien und rätselhafte, unstillbare Unzufriedenheiten des Vorgesetzten zu verzeichnen sind – dann wissen erfahrene Faultiere sofort, welches Spiel da gerade gespielt wird. Obwohl sie selbst weniger gefährdet sind, weil sie sich größeren Arbeitsmengen von Natur aus geschickt entziehen. Zudem werden sie wegen ihrer durchschnittlichen Leistung vom Chef nicht als Konkurrenz wahrgenommen. Und auch normalerweise dank ihres dicken Fells weder in die Drei-Prozent-Falle noch in die Feierabend-Falle tappen.

Geschlossen auftretende Arbeitseinheiten können Vorgesetzten allein mit sachlichen Argumenten erstaunlich oft Grenzen aufzeigen

Falls Sie sich noch zum Faultiernachwuchs zählen, sollten Sie sicherheitshalber schon beim ersten Verdacht auf Überlastungsmachtspiele ein paar Gegenmaßnahmen ergreifen.

Zunächst sollten Sie sich mit den Kollegen verbünden, statt sich aus reinem Frust mit ihnen anzulegen. Geschlossen auftretende Arbeitseinheiten können Vorgesetzten allein mit sachlichen Argumenten erstaunlich oft Grenzen aufzeigen – oder die Machtspiele schlicht abblocken durch kollektiven Dienst nach Vorschrift. Wenn das nicht hilft, können Sie zu Ihrer Selbstverteidigung die »Pseudo-Burnout«-Strategie anwenden. Sofern Sie sich zuvor erfolgreich als fleißiger und zuverlässiger Mitarbeiter positioniert haben, können Sie glaubhaft versichern, dass Sie kurz vor der völligen Überlastung stehen und daher unmöglich weitere Aufgaben übernehmen können. Mit etwas Glück wird Ihr Chef den Druck auf Sie verringern, aus reiner Sorge, dass Sie eines Tages ganz ausfallen könnten.[58]

Fiese Tricks 4: Angst als Antreiber

Die Chefs müssen gar nicht unbedingt zu subtilen Strategien greifen, um ihre Untergebenen bei der Stange zu halten. Es gibt eine viel einfachere Methode: »Wenn andere Angst vor Ihnen haben, sind Sie auf dem richtigen Weg.«[59]

Angst wird bekanntlich seit Jahrtausenden erfolgreich eingesetzt, um Menschen gefügig zu machen. Kein Wunder, dass Vorgesetzte auf diese Strategie zurückgreifen, um ihre Untergebenen zu disziplinieren. Auf der Suche nach Inspiration finden Chefs in den Macht-Ratgebern zwei bewährte Methoden der Angsterzeugung. Da ist zunächst die Taktik der strategischen Unberechenbarkeit: »Zeigen Sie Launen. Launenhaftes Verhalten bedeutet nicht vorhersehbares und damit unberechenbares Verhalten. (…) Wenn Sie sich launisch verhalten, dann werden die anderen bei jedem Kontakt unterschwellig Angst vor Ihrer schlechten Laune haben und deswegen alles unternehmen, um Sie zufriedenzustellen beziehungsweise Sie nicht zu verärgern.«[60]

Bereits diese Taktik sorgt für das erwünschte Unbehagen. Aber sie ist immer noch harmlos im Vergleich zum strategischen Einsatz von cholerischen Anfällen: »Ihre professionelle Inszenierung muss echt wirken: Eindrucksvoll ist, wenn Ihre Halsschlagader anschwillt, zumindest aber sollte Ihr Gesichtsausdruck mehr als verärgert wirken. Werden Sie lauter oder zischender, schlagen Sie mit der Hand krachend auf den Tisch – während Sie innerlich distanziert über einen Kinobesuch am heutigen Abend nachdenken.«[61]

In einschlägigen Ratgebern[62] werden noch viele weitere Methoden erklärt, mit denen Vorgesetzte ihren Untergebenen zeigen können, wo der Hammer hängt. Professor Sutton hat sie im »Arschloch-Faktor« zu einem »Dreckigen Dutzend« zusammengefasst: 1. Persönliche Beleidigungen, 2. Verletzungen der Privatsphäre, 3. Unaufgeforderter Körperkontakt, 4. Verbale und nonverbale Einschüchterungen und Drohgebärden, 5. Als sarkastische Witze und Hänseleien getarnte Beleidigungen, 6. E-Mail-Hassattacken, 7. Angriffe auf den Status des Opfers, 8. Öffentliche Demütigungen, 9. Rüdes Unterbrechen, 10. Unberechenbarkeit und Hang zu Intrigen, 11. Bewusstes Anstarren, 12. Leute wie Luft behandeln.[63]

Das klingt nicht nur nach Mobbing, das ist Mobbing. Was in diesem Zusammenhang nicht erstaunlich ist, denn wenn Chefs mobben oder – genauso schlimm – Mobbing unter ihren Untergebenen dulden, stecken oft machtstrategische Interessen dahinter. Und damit rein persönliche Ziele. Die Ziele des Unternehmens lassen sich mit solchen Methoden ganz eindeutig nicht erreichen: Seit langem ist bekannt, dass Angst nicht die Leistung steigert, sondern nur den Stress und damit die Fehlerquote. Angsterzeugung als »Motivationstechnik« funktioniert zwar insofern, als die Untergebenen »spuren«. Die Tyrannen unter den Vorgesetzten bekommen in der Regel, was sie wollen. Aber keinen Deut mehr. Stattdessen müssen sie damit rechnen, dass sie irgendwann bekommen, was sie *verdienen*: Nachweislich neigen drangsalierte Mitarbeiter dazu, es ihrem Chef bei Gelegenheit heimzuzahlen, durch Boykott, Sabotage oder höchstpersönliche Racheaktionen.

Auch den sonst so friedliebenden Faultieren wird es unter solch ungemütlichen Umständen in der Regel eines Tages zu bunt. Aus Bequemlichkeit versuchen sie es oft erstaunlich lange mit der »Unerschütterliche Ruhe«-Taktik: Chef schreien, toben, Launen zeigen lassen, Ruhe bewahren, freundlich und verbindlich bleiben, bloß nicht provozieren lassen. Einmal mehr erweist sich ihr dickes Fell als wahrer Segen. Doch erfahrene Faultiere wissen, dass es auch genau die falsche Taktik sein kann, sich den Chef-Tyrannen gegenüber brav und unauffällig zu verhalten. Die könnten nämlich versucht sein, immer heftiger draufzuhauen nach dem Motto: »Da wollen wir doch mal sehn, wo hier die Schmerzgrenze liegt.«

In dieser Situation besteht das Risiko, sich am Ende in der klassischen Opferrolle wiederzufinden. Da ist es sinnvoller, sich frühzeitig auf Spielarten der aktiven Gegenwehr zu verlegen. Die Faultierstrategie der Wahl ist auch hier wieder, sich mit den Kollegen über alle Sympathieschranken hinweg zu verbünden und gemeinsam gegen den Schikanechef vorzugehen. Zunächst mit den Mitteln, die in diesem Fall im Unternehmen offiziell vorgesehen sind: Krisengespräche, neutrale Vermittler, Einschaltung von Betriebsräten und Gewerkschaften. Wenn das nicht geht oder nichts fruchtet, dann schlägt allerdings die Stunde der Notwehr, siehe S. 209 ff..

Fiese Tricks 5: Vorsicht, Chef hört mit!

Im Sommer 2007 machte die »LIDL-Affäre« wochenlang Schlagzeilen. Leider kein Sommermärchen, sondern eher ein Schauerroman. Seitdem weiß immerhin jeder Bescheid: Erstaunlich viele Arbeitgeber setzen Detektive auf »verdächtige« Mitarbeiter an und spionieren mit modernsten Überwachungsmethoden ihre Belegschaften aus. Die Observierung von Mitarbeitern ist für deutsche Detekteien zum Kerngeschäft geworden. Gerade sonst betont sparsame Unternehmen zeigen sich hier sehr investitionsfreudig. Schließlich können sie die Kosten für solche Aktionen von der Steuer absetzen. Also buchen sie, was machbar ist. Und das ist eine

Menge. Zur Auswahl stehen versteckte Kameras und Mikrofone, Lauschangriffe auf Telefongespräche, Kontrollblicke auf Untergebenen-E-Mails, Echtzeit-Beobachtung der Internet-Aktivitäten von Mitarbeitern sowie die Observierung auch außerhalb des Firmengeländes, etwa im Falle »dubioser« Krankmeldungen und missliebiger Betriebsräte.

Längst nicht alle diese Praktiken sind legal, im Gegenteil: Vieles ist laut Gesetzgeber »nur in begründeten Verdachtsfällen«, »nur, wenn sich der Sachverhalt nicht anders klären lässt«, »nur nach vorheriger Ankündigung« oder aber »nur stichprobenartig« und keinesfalls dauerhaft erlaubt. Systematische Abhöraktionen, Videokameras in Bereichen der Intimsphäre wie Toiletten und Umkleiden sowie die Ausforschung des Privatlebens sind, außer in sicherheitsrelevanten Bereichen, schlichtweg verboten.

Hüten Sie Ihr Passwort und benutzen Sie für private Mails nie Ihre berufliche E-Mail-Adresse

Betroffene Mitarbeiter können sich vor Gericht gegen solche Methoden zur Wehr setzen. Dazu müssten sie allerdings erst mal wissen, dass sie überwacht werden. Das wiederum verschweigen observierungswütige Unternehmen ihren Mitarbeitern gerne; wenn die Bescheid wissen, lohnt sich der ganze Aufwand ja gar nicht mehr. Bei Licht betrachtet, rentiert er sich übrigens sowieso nicht. Mit Orwell'schen Methoden können Unternehmen zwar das eine oder andere Vergehen beweisen – gleichzeitig lässt jedoch das demonstrative Misstrauen von oben, sobald es erst mal erspürt worden ist, selbst bei loyalen und fleißigen Mitarbeitern die Motivation gegen null tendieren. Fazit: Die Produktivität sinkt anstatt zu steigen. Außerdem finden einschlägig interessierte Mitarbeiter erfahrungsgemäß häufig Mittel und Wege, jedes noch so ausgeklügelte Kontrollsystem irgendwie zu umgehen.

In der Grauzone zwischen vermuteter und tatsächlicher Überwachung setzen Faultiere zunächst auf passive Selbstverteidigungsstrategien.

Hier die wichtigsten Faustregeln und Tricks:

- **Allgemeine Vorsicht.** Faultiere nehmen sich von Haus aus in Acht vor modernen Faxgeräten und Kopierern, die jedes Dokument automatisch speichern. Sie werfen nie etwas in den Papierkorb, das ein Schnüffler gegen sie verwenden könnte, und vertrauen verfängliche Papiere gleich dem Reißwolf an. Sie hüten ihr Passwort und benutzen für private Mails nie ihre berufliche E-Mail-Adresse. Sie schließen ihre Tastatur sicherheitshalber beim Weggehen in eine Schreibtischschublade ein und nehmen im Zweifelsfall sogar ihre Arbeitsumgebung regelmäßig etwas genauer unter die Lupe. Eine ausgesprochen vernünftige Vorsichtsmaßnahme angesichts der Tatsache, dass Überwachungskameras und Mikrofone heutzutage auf Stecknadelkopfgröße geschrumpft sind.
- **Vorschriften im Auge behalten.** Wenn der Arbeitgeber privates Surfen und private Gespräche offiziell verbietet, hat er für Überwachungsmaßnahmen einen wesentlich größeren Handlungsspielraum. Entsprechend groß ist für unfolgsame Mitarbeiter das Abmahnungs- und Kündigungsrisiko. Das gilt erst recht für Diebstahl und alle anderen strafrechtlich relevanten Aktionen: Wer sich hier erwischen lässt, ist selber schuld.
- **Taschencomputer anschaffen.** Sie dürfen die Firmentechnik nicht privat benutzen? Gönnen Sie sich einen dieser praktischen Taschencomputer und bringen Sie ganz einfach Ihre eigene Technik zum Einsatz! Dank fallender Preise und günstiger Flatrates können Sie sich im Job mit privaten Blackberrys genauso gut amüsieren, wie Sie es mit Ihrem privaten Handy vermutlich bereits tun.
- **Doppelhandy anschaffen.** Ein »Dual-Sim«-Handy bietet sich für alle an, die ein Firmenmobiltelefon haben. Im »Dual-Sim«-Handy können Sie Ihre Business- und Ihre private Sim-Karte unterbringen. So kann in Zukunft zumindest optisch niemand mehr unterscheiden, ob Sie gerade privat oder geschäftlich telefonieren und simsen.
- **Privacy Dongle anschaffen.**[64] Ein Muss für alle Mitarbeiter, denen das private Surfen nicht ausdrücklich verboten wurde. Dieser

spezielle USB-Stick verringert zwar die Geschwindigkeit Ihres Rechners, beschützt Sie aber durch ein ausgeklügeltes System davor, dass Big Brother Ihr Internet-Verhalten ausspionieren kann.

Klassiker der Gegenwehr im Angriffsfall

Der berechnende Einsatz von Lob und Kritik, Überlastungsmachtspiele, *Management by Angst* und Mitarbeiterbespitzelung – wo solche »Führungsmethoden« zum Einsatz kommen, haben selbst die genügsamsten Faultiere irgendwann die Nase voll. Sie wehren sich, und das ist auch gut so. Denn inzwischen gibt es Belege dafür, dass runtergeschluckte Ungerechtigkeit auf Dauer krank machen kann. Wer sich nicht wehrt, der lebt also verkehrt. Und das sogar in zweifacher Hinsicht. Frühzeitige Selbstverteidigung ist nämlich nicht nur gut fürs allgemeine Wohlbefinden. Obendrein wirkt allein die Aussicht auf Gegenwehr abschreckend auf potentielle Angreifer. Auf den Job übertragen heißt das: Ihr Chef wird es sich zweimal überlegen, Sie in welcher Form auch immer zu attackieren, wenn er damit rechnen muss, dass Sie sich seine Angriffe nicht gefallen lassen werden.

Um das zu signalisieren, ist keine Kriegserklärung erforderlich. Oft reicht es bereits, wenn allgemein bekannt ist, dass Sie dem Betriebsrat nahestehen und / oder Gewerkschaftsmitglied sind. Beide Institutionen vertreten die Interessen der Arbeitnehmer gegenüber den Arbeitgebern. In manchen Ländern dieser Erde würden die Beschäftigten viel geben für das Recht auf die Bildung offizieller Arbeitnehmervertretungen. In Deutschland hingegen gibt es erstaunlich viele Mitarbeiter, die sich dafür nicht die Bohne interessieren, Gewerkschaftsmitteilungen ungelesen in den Müll werfen und sich erst an den Betriebsrat erinnern, wenn ihnen das Wasser bis zum Hals steht.

Dabei sind gerade die Betriebsräte und Gewerkschaften ein wahrer Segen fürs Faultier, denn sie nehmen an seiner Stelle die anstrengende Selbstverteidigung am Arbeitsplatz in die Hand. Die Gewerkschaften bieten ihren Mitgliedern neben dem organisierten Arbeitskampf auch individuellen Rechtsschutz bei Konflikten im Job. Und sofern es einen Betriebsrat gibt (was ab fünf Beschäftigten rechtlich möglich ist), kümmert der sich nicht nur um die Vermittlung bei Konflikten zwischen Chefs und Untergebenen, sondern auch um eine Vielzahl innerbetrieblicher Regelungen von größtem Faultierinteresse, vom Urlaub bis zur Überstundenvergütung. Bei Mobbing, Abmahnung und Kündigung ist der Betriebsrat erst recht die erste Anlaufstelle in Sachen Rat und Tat. Faultiere stehen daher grundsätzlich in freundschaftlichem Kontakt zu den Betriebsräten. Und besonders kluge Faultiere erwägen sogar ernsthaft, selbst im Betriebsrat aktiv zu werden: Ab einer Unternehmensgröße von 200 Mitarbeitern kann ein Betriebsratsmitglied von seiner eigentlichen Arbeit freigestellt werden, um sich hauptberuflich seiner Aufgabe widmen zu können. Bei gleichbleibendem Gehalt und besonderem Kündigungsschutz.

Sie halten nichts von Ihrem Betriebsrat? Bei Ihnen gibt es gar keinen? Gönnen Sie sich eine von diesen praktischen Rechtsschutzversicherungen, die in ihren Servicepaketen unter anderem auch Schutz vor Ungerechtigkeit am Arbeitsplatz bieten. In der entsprechenden Werbung werden potentiellen Kunden typische Gefahren vor Augen geführt: vom Vorwurf, Waren oder Werkzeug entwendet zu haben, bis hin zum Streit um Versetzung, Überstundenvergütung, Vorruhestandsregelung, Urlaubsgeld, Arbeitszeugnisse, Abmahnung, Kündigung und Abfindung. Eine solche Rechtsschutzversicherung kostet zwar Geld – aber was sind schon ein paar Euro im Vergleich zu dem Rückhalt, der Ihnen geboten wird? Wer weiß, dass er im Ernstfall professionellen Beistand hat, kann dem Chef gegenüber gleich viel selbstsicherer auftreten und ihn allein dadurch von Attacken abhalten, siehe oben.

Und wenn nicht – dann gibt's eben ein Wiedersehen vor Gericht. Was soll's? Mit einer entsprechenden Versicherung sind Sie gut gerüstet. Die Gesetzgebung eröffnet drangsalierten, gemobbten und diskriminierten Mitarbeitern immer mehr Klagemöglichkeiten.

Die Richter urteilen im Zweifel eher arbeitnehmerfreundlich. Sie haben sogar unter bestimmten Umständen die Möglichkeit, einen Arbeitgeber zur Zahlung von Schmerzensgeld zu verurteilen.

In Sachen Selbstschutz im Job gilt allerdings grundsätzlich die Devise »Vorsorge ist besser als Nachsorge«. Gewerkschaften, Betriebsrat und Rechtsschutzversicherung sind umso nützlicher, je besser Sie sich ganz persönlich auf den Ernstfall vorbereitet haben. Diese Vorbereitung erfordert zugegebenermaßen eine gewisse Anstrengung – aber die ist ausnahmsweise selbst für Faultiere ein Muss. Wenn Sie also das Gefühl haben, dass sich zwischen Ihnen und Ihrem Vorgesetzten / Arbeitgeber etwas zusammenbraut, dann sollten Sie sich mindestens sechs Monate lang zu ein paar schreibintensiven Maßnahmen aufraffen:

- ❍ **Tatsächliche Tätigkeiten genau auflisten** und mit Arbeitsplatzbeschreibung vergleichen. Längerfristige bedeutende Abweichungen sind rechtlich relevant.
- ❍ **Überstundentagebuch führen.** Wer nachweisen kann, dass der Chef die Mehrarbeit billigend in Kauf nimmt, kann unter Umständen eine Lohnklage einreichen.
- ❍ **Mobbing-Tagebuch führen.** Eine genaue Dokumentation aller diskriminierenden Vorfälle ist das A und O jeder Mobbing-Klage.

Besonders faule Faultiere glauben übrigens hartnäckig, es sei das Einfachste und Beste, sich über Missstände beim Chef vom Chef zu beschweren. Das glauben Sie auch? Vergessen Sie's! Eine Krähe hackt der anderen kein Auge aus. Vorgesetzte stehen einander immer näher als dem nächsten Untergebenen. Da kommt für sie der Dienstweg wie gerufen. Der sieht bei Beschwerden außerhalb der offiziellen Hierarchie nämlich schlicht die Weitergabe des Problems an denjenigen vor, der eigentlich zuständig ist. Das heißt: Der Vorgesetzte Ihres Chefs wird diesem Ihre Beschwerde brühwarm berichten und ihm sodann den Fall achselzuckend zur weiteren »Behandlung« überlassen. Womit Sie, statt eine Besserung der Lage zu erreichen, bloß jede Menge zusätzlichen Ärger am Bein hätten.

Angriff ist die beste Verteidigung: Notwehr am Arbeitsplatz

Manche Mitarbeiter werden von ihren Arbeitgebern auf die eine oder andere Weise abgestraft, weil sie sich »zu sehr« für Betriebsrats- und Gewerkschaftsarbeit interessieren. Also befürchten viele andere Beschäftigte genau solche Konsequenzen und bleiben von vornherein auf Distanz zur organisierten Arbeitnehmervertretung. Offene Auseinandersetzungen sind ihnen einfach zu gefährlich. Das heißt allerdings nicht unbedingt, dass die Findigen unter ihnen ganz auf Selbstverteidigung gegenüber Schikanechefs verzichten. Wahrscheinlicher ist, dass auch sie sich wehren, allerdings unauffällig und auf höchst persönliche Weise.

Solche kleinen persönlichen Aktionen mögen dem einen oder anderen frustrierten Mitarbeiter vorkommen wie Tropfen auf den heißen Stein.Die Faultiere im Regenwald sehen das allerdings ganz anders. Sie wissen instinktiv, dass ein gezielter Klauenhieb manchmal mehr bringt als ängstliches Wegducken. Sie machen zwar einen hilflosen Eindruck – aber das täuscht! Mit den Mitarbeitern verhält es sich ähnlich. Im gefühlten Kräfteverhältnis liegt zwar alle Macht beim Arbeitgeber. Doch im real existierenden Arbeitsalltag haben auch die Untergebenen eine eindrucksvolle Portion Macht. Wenn sie ihren Chef diskret auflaufen lassen, sabotieren, boykottieren, sieht der überraschend schnell ziemlich alt aus. Kein Wunder, dass der bekannte Unternehmensberater Fred Maro die Führungskräfte ausdrücklich warnt: »Der Tag, an dem deine Mitarbeiter nicht mehr mit dir arbeiten wollen, ist das Ende deiner Karriere.«[65]

Faultiere wissen instinktiv, dass ein gezielter Klauenhieb manchmal mehr bringt als ängstliches Wegducken

Eine Warnung, die nicht übertrieben scheint angesichts der zahlreichen Selbstverteidigungsmöglichkeiten, die drangsalierten Mitarbeitern zur Verfügung stehen. In der interpretationsfähigen

Grauzone zwischen »legal« und »legitim« existiert ein beachtlicher Handlungsspielraum, der von chronisch frustrierten Mitarbeitern kreativ genutzt wird. Hier ein paar typische Beispiele (die selbstverständlich nicht als Aufforderung zu verstehen sind):

1. **Der strategische Einsatz von Kellerleichen.** Ideal für Faultiere, denn wer die Leichen kennt, die der Chef im Keller hat, muss kaum noch aktiv zu Methoden der Gegenwehr greifen: »Wenn Sie negative Dinge über jemanden wissen, zum Beispiel seine Schwächen, Ängste, Misserfolge, oder Regelverstöße kennen, muss er befürchten, dass Sie dieses Wissen an andere weitergeben oder ›an die große Glocke‹ hängen und ihm damit schaden. Diese Konstellation genügt bereits, um Ihnen eine gewisse Macht über den anderen zu verleihen. Erpressung ist gar nicht notwendig. Es reicht aus, dass er weiß, dass Sie wissen ...«[66] Um Kellerleichen zu finden, braucht es noch nicht einmal die technischen Finessen, mit denen manche Unternehmen ihre Mitarbeiter bespitzeln: Erstaunlich wenige Chefs machen sich überhaupt die Mühe, fragwürdige Facetten ihres Vorgesetztendaseins vom einfachen Spesenbetrug bis hin zur kunstvollen Bilanzmanipulation vor ihren Untergebenen zu verbergen. Es reicht also völlig, bei Festivitäten und vertraulichen Meetings Augen und Ohren offenzuhalten.
2. **Krankfeiern.** Der Krankenstand ist zwar historisch niedrig, doch das ändert nichts daran, dass Krankmeldungen vor allem unter Faultieren eine weitverbreitete Ausgleichsmaßnahme gegen zu krasse Arbeitszeiten sind. Aus reinem Selbstschutz, versteht sich: Zu viel Stress und auch Mobbing führen zu zahlreichen körperlichen und seelischen Beeinträchtigungen und können ernste Erkrankungen zur Folge haben. Wer sich an Attestvorschriften hält, aus strategischen Gründen montags und freitags lieber leicht fiebrig zur Arbeit kommt, als sich krank zu melden, wer durchschnittliche Jahresfehlzeiten (zum Beispiel 2007 lt. AOK 16,3 Tage) als Orientierungslinie nimmt und immer ein paar Tage drunter bleibt, geht erfahrungsgemäß kein allzu großes Risiko ein.

3. **Notwehr auf dem Dienstweg.** In größeren Unternehmen macht sich durchaus die Erkenntnis breit, welchen wirtschaftlichen Schaden schlechte Führungskräfte anrichten können. Also bieten sie ihren Mitarbeitern diverse Möglichkeiten, sich anonym über ihre Chefs zu äußern. Im Rahmen von »360-Grad-Feedbacks« und Mitarbeiter-Blogs können Untergebene zu Papier bringen, was sie von ihrem Chef halten. Eine weitere Möglichkeit sind hausinterne »Compliance« (Regelüberwachungs)-Stellen. An die können sich Mitarbeiter über Ombudsmänner und anonyme Hotlines wenden und auf Unsitten und Missstände in der eigenen Abteilung aufmerksam machen.
4. **Notwehr ohne Dienstweg.** So mancher, der dem Dienstweg nicht traut, sammelt belastendes Material und stellt es der Öffentlichkeit zur Verfügung, über Blogs und Chatrooms oder gleich über die Medien. Die wissen dieses »whistle blowing« besonders zu schätzen, wenn es dabei um Themen von allgemeinem Interesse wie etwa Gammelfleisch und illegale Datenverkäufe geht.
5. **Kleine und weniger kleine Indiskretionen.** Zu den kleinen Indiskretionen gehören gut platzierte Giftpfeile wie: »Sie sind nicht der Erste, der sich über Dr. Müller beschwert«, »Dr. Müller – den hat hier seit Stunden keiner gesehen« und »Das wundert mich nicht, bei dem Chaos auf seinem Schreibtisch …« Solche Kommentare erweisen sich Vertretern der Führungsebene und VIP-Geschäftspartnern gegenüber erfahrungsgemäß als besonders wirksam. Zu den weniger kleinen Indiskretionen gehört es, die Firmenspitze gezielt über Verfehlungen des Vorgesetzten zu informieren. Bei tyrannischen Chefs wird dieser Weg in der Fachliteratur sogar ausdrücklich empfohlen. Allerdings mit dem einschränkenden Hinweis, auf persönliche Gefühlsausbrüche zu verzichten und stattdessen demonstrativ das Wohl der Firma im Blick zu haben: »Stellen Sie (…) in diesem Fall in den Vordergrund, wie sehr das Verhalten des Vorgesetzten die Arbeitsproduktivität der Abteilung verringert.«[67]

Fairness oder Vergeltung: Rache am Chef

Rache ist in unserer Gesellschaft ein Tabu. Man hält lieber die andere Wange hin, auch im Job. Offiziell jedenfalls. Inoffiziell schaut die Lage etwas anders aus. Amerikanische Forscher haben vor ein paar Jahren begonnen, die Folgen von Ungerechtigkeit am Arbeitsplatz zu untersuchen. Und siehe da: Immer deutlicher tritt zutage, dass Mitarbeiter dazu neigen, sich an Chef-Tyrannen zu rächen. Nach dem Motto »Das ist zwar fies, aber es tut mir gut« helfen sie der ausgleichenden Gerechtigkeit *undercover* auf die Sprünge – und fühlen sich dabei, moralisch gesehen, völlig im Recht. Schließlich bestrafen sie die Missachtung so allgemeinverbindlicher gesellschaftlicher Regeln wie Respekt, Anstand, Höflichkeit.

Wobei die Mitarbeiter (insbesondere die Faultiere unter ihnen) ihren Ärger viel länger herunterschlucken, als eigentlich zu vermuten wäre: Im Schnitt braucht es ein ganzes Jahr fortgesetzter Ungerechtigkeiten, bis die Leidensfähigkeit eines Mitarbeiters erschöpft ist. Erst dann begräbt er seine ursprünglich meist neutrale oder gute Meinung über seinen Chef und beginnt, ernsthaft Rachepläne zu schmieden. Entscheidend ist dabei nicht so sehr die persönliche Wut, sondern der Eindruck, dass der Vorgesetzte mehrfach absichtlich bösartig gehandelt und gegen jede gesellschaftliche Regel verstoßen hat. Zur Umsetzung der Rachepläne kommt es dann, wenn der berühmte Tropfen, sprich: ein als besonders schlimm empfundener Vorfall, das Fass zum Überlaufen bringt.[68] Ist es einmal so weit, stehen überraschend viele Denkzettel zur Auswahl, vom Vernichten wichtiger Dokumente bis zur Weitergabe zartbitterer Geheimnisse an neugierige Journalisten, von der Computersabotage bis zum handfesten Angriff auf Firmeneigentum und Firmeneigentümer.

Natürlich verbietet es der Anstand (und vor allem die Rechtslage), einschlägig interessierten Lesern an dieser Stelle konkrete Tipps zu geben. Wer keine zündende Idee hat, findet jedoch in jedem besseren Ratgeber zum Thema »Rache am Ex« und natürlich auch im

Internet Anregungen genug, um dem »Feind« die Hölle heißzumachen. Und das sogar mit Rückendeckung von Professor Sutton: »Sich mit jemandem anzulegen, der über mehr Macht verfügt, kann sich als sehr abträglich für Ihre geistige Gesundheit und Ihre berufliche Sicherheit erweisen. Aber wenn Sie Ihren Peiniger genau studieren, (...) könnten Sie mit ein paar wichtigen kleinen Erfolgen belohnt werden – und vielleicht dem Menschenschinder all das heimzahlen, was er Ihnen angetan hat, und süße Rache üben.«[69]

Sogar der Volksmund weiß, dass Rache süß ist. Trotzdem wird sie in der Regel im Verborgenen genossen. Schon aus Sicherheitsgründen behalten die Rächer lieber für sich, wem sie welche Denkzettel verpasst haben. Manchmal allerdings finden besonders spektakuläre Aktionen ihren Weg in die Medien:

- Ein gefeuerter Systemadministrator spendierte dem betriebsinternen Netz auf einen Schlag 11 000 Viren.[70]
- Ein entlassener Brite brachte den Datenverkehr seiner Ex-Firma zum Erliegen, indem er ihr mit Hilfe eines gängigen Mail-Bomben-Programms in vier Tagen fünf Millionen E-Mails schickte.[71]
- Eine drangsalierte Londoner Sekretärin sandte eine besonders nervtötende E-Mail-Korrespondenz mit ihrem Vorgesetzten kurzerhand zur Erheiterung an den großen Firmenverteiler. Wenig später machte sich die halbe Weltpresse über ihren Chef lustig.[72]
- Aufgebrachte Mitarbeiter eines Werks des Reifenkonzerns Michelin nahmen zwei Manager vier Tage lang in Geiselhaft, um höhere Abfindungen zu erzwingen. Eine Aktion, die übrigens von Erfolg gekrönt war.[73]
- Einem verärgerten Mitarbeiter gelang es, das Datennetz der Stadtverwaltung von San Francisco lahmzulegen: Nur er hatte das Passwort, und das rückte er selbst in Beugehaft nicht raus.[74]
- Kurz nach Bekanntwerden der illegalen Überwachungspraktiken des LIDL-Konzerns brannte in Mecklenburg-Vorpommern ein LIDL-Markt aus.[75]

- Nachdem die EDEKA-Süd-Konzernleitung auf interne Beschwerden von Mitarbeitern nach deren Meinung nicht angemessen reagierte, muss sie sich nun mit Presseberichten über »ein Klima aus Intrigen, Angst, Günstlingswirtschaft« befassen.[76]
- Der Bestechungsskandal, der den Weltkonzern Siemens ins Wanken brachte, wurde durch einen anonymen Brief aus den Reihen der Mitarbeiter ins Rollen gebracht: »(...) Bei uns werden Arbeitsplätze abgebaut und Kollegen mit Versetzungen ins Ausland bedroht, wenn sie nicht spuren, und diese Herren stecken Millionen ein, nur weil sie wahrscheinlich bereit sind, illegale Geschäfte zu machen.«[77]

Diese bemerkenswerten Initiativen sind vermutlich nur die Spitze des Eisbergs. Das Gros der Gegenwehr-, Abwehr- und Notwehraktionen findet im Verborgenen statt. Nicht selten werden sie geplant und durchgeführt von drangsalierten Mitarbeitern, die vielleicht faul sind, aber bestimmt nicht blöd.

Danksagung

Bis vor ein paar Jahren wäre es für mich undenkbar gewesen, ein Buch mit diesem Titel zu schreiben. Da gehörte ich noch mit Leib und Seele zur Maultier-Fraktion. Ich hatte einen Karrierejob und fand ihn klasse: schicke Dienstreisen, Champagnerempfänge, Geld, Ansehen. Der Job brachte zwar auch viel Arbeit und viel Stress – aber das war mir egal. Jedenfalls bis zu dem Punkt, an dem der Stressanteil den Spaßfaktor verdrängt hatte. Eine Entscheidung war fällig: Frust runterschlucken und Job weitermachen, fürs Ego und fürs Gehalt – oder noch mal was wagen, ehe die Altersgrenze für größere Mutproben erreicht ist.

Heute bin ich freie Autorin. Ohne Glamour, Champagnerempfänge und dickes Gehaltskonto. Dafür stimmt der Spaßfaktor wieder, und ich habe mehr Zeit für alles, was mir wichtig ist. Dass ich diesen Sprung geschafft habe, verdanke ich (wie vieles andere auch) Ari Hantke, dem Mann meines Lebens.

Kurz nachdem mir die Faultier-Idee gekommen war, schlitterte ich in heftige gesundheitliche Unwetter. Doch mein Agent, Dr. Harry Olechnowitz, ermunterte mich dazu, trotzdem das Konzept für das Buch zu Papier zu bringen. Seiner liebenswürdigen Hartnäckigkeit habe ich es zu verdanken, dass ich am Ende die konzeptionelle Arbeit an der »Faultierstrategie« nicht nur fertigstellte, sondern sogar viel Energie aus ihr gewann. Trotz der widrigen Umstände.

Eine Buchidee wird erst durch zahlreiche Diskussionen zum tragfähigen Konzept. Die »Faultierstrategie« habe ich besonders intensiv mit meiner alten Freundin und überaus kritischen Testleserin Angelika Gutsche besprochen. Ihre Argumente waren letztlich entscheidend für die inhaltliche Ausrichtung des Projekts. Eine ungewöhnliche Ausrichtung, zumindest in diesen Zeiten. Umso dankbarer bin ich Jürgen Diessl, Verlagsleiter von ECON, und meiner Lektorin Silvie Horch, dass sie nach »Rache am Chef« auch an dieses Buchprojekt von Anfang geglaubt und mich nach Kräften unterstützt haben.

Auf dem weiten Weg vom Exposé zum fertigen Manuskript haben mich meine Testleserinnen Angela Hawkins, Dr. Irmgard Schmid, Dr. Birgit Schumacher, Stephanie Wimmer und Angelika Gutsche wie immer mit zahlreichen Anmerkungen zu Rechtschreibung, Stil und Inhalt begleitet. Simone Krienelke danke ich für ihre Anregungen in Sachen Rechtsschutzversicherung, Dr. Matthias Noellke für die Übersendung seines Faultier-Texts und Christian Koth für die Begeisterung und Fachkompetenz, mit der er so kurzfristig die Lektoratsarbeit geleistet hat.

Und meinen Eltern Ellen und Gerd Reinker bin ich dankbar dafür, dass sie mir in der dunklen Phase am Anfang des Projekts den Rücken freigehalten haben.

Anmerkungen

1 Hermann Tirler: Tagebuch eines Faultiers. München, 2. Auflage 1964
2 z. B. der Zeitmanagement-Experte Lothar Seiwert in Don't hurry, be happy. In 5 Schritten zum Lebenskünstler. München 2003, S.30
3 Jakob Schrenk: Die Kunst der Selbstausbeutung. Wie wir vor lauter Arbeit unser Leben verpassen. Köln 2007, S.32
4 zitiert nach Süddeutsche Zeitung Magazin Nr. 18/2008, S.32: Nur nicht hetzen.
5 Carl Honoré: Slow Life. Warum wir mit Gelassenheit schneller ans Ziel kommen. München 2007, S.27ff.
6 Timothy Ferriss: Die 4-Stunden-Woche. Mehr Zeit, mehr Geld, mehr Leben. Berlin 2008
7 ebd., S.19
8 Dr. Peter Axt, Dr. Michaela Axt-Gadermann: Vom Glück der Faulheit. Langsame leben länger. München 2001, S.143
9 Lothar Seiwert: Don't hurry, be happy. In 5 Schritten zum Lebenskünstler. München 2003, S.36
10 Christina Bernd in SZ Wissen 16/2007, S.65ff.: Eine Dosis Dösen. Forscher fordern: Mittagsschlaf für alle.
11 Corinne Maier: Die Entdeckung der Faulheit. Von der Kunst, bei der Arbeit möglichst wenig zu tun. München, 3. Auflage 2005, S.96
12 Lothar Seiwert: Don't hurry, be happy. In 5 Schritten zum Lebenskünstler. München 2003, S.4f.
13 Gloria Beck: Verbotene Rhetorik. Die Kunst der skrupellosen Manipulation. München, 2. Auflage 2007, S.109f.
14 Philipp Löpfe, Werner Vontobel: Arbeitswut. Warum es sich nicht

lohnt, sich abzuhetzen und gegenseitig die Jobs abzujagen. Frankfurt 2008, S.80; Svenja Hofert: Jeder gegen jeden. Der neue Klassenkampf in den Unternehmen. Heidelberg 2006, S.71

15 Philippe Rothlin, Peter R. Werder: Diagnose Boreout. Warum Unterforderung im Job krank macht. Heidelberg 2007

16 Matthias Nöllke: Von Bienen und Leitwölfen. Strategien der Natur im Business nutzen. Freiburg/Breisgau 2008, S.92

17 Scott Adams: Das Dilbert-Prinzip. Die endgültige Wahrheit über Chefs, Konferenzen, Manager und andere Martyrien. München 2003, S.100ff.

18 Gallup GmbH Deutschland, Pressemitteilung: »Aufschwung in Deutschland nicht durch Engagement derArbeitnehmerInnen in Deutschland getrieben«, Potsdam, 27.12.2007

19 Proudfoot Consulting, Pressemitteilung: »Weltweite Produktivitätsstudie 2006: Mehr als 30 Prozent der Arbeitszeit werden verschwendet«, Frankfurt, 21.07.2006

20 www.salary.com: Wasted time at work costing companies billions.

21 Scott Adams: Das Dilbert-Prinzip. Die endgültige Wahrheit über Chefs, Konferenzen, Manager und andere Martyrien. München 2003, S.119

22 Peter Noll, Hans Rudolf Bachmann: Der kleine Machiavelli. Handbuch der Macht für den alltäglichen Gebrauch. München, 4. Auflage 2007, S.133

23 Svenja Hofert: Jeder gegen jeden. Der neue Klassenkampf in den Unternehmen. Heidelberg 2006, S.17f.

24 Jens-Uwe Meyer: Fest im Sattel. Insider-Strategien zur Job-Sicherung. Frankfurt 2007, S.17

25 AZ: 2 AZR 536/06

26 Reiner Neumann, Alexander Ross: Der Macht-Code. Spielregeln der Manipulation. München 2007, S.120

27 ebd, S.91

28 Daniel Goleman: EQ 2 – der Erfolgsquotient. München, 2. Auflage 2001, S.118

29 Blaine L. Pardoe: Karriere im Minenfeld. Subversive Strategien zur Selbstverteidigung am Arbeitsplatz. Frankfurt/Main 1999, S.179

30 Gloria Beck: Verbotene Rhetorik. Die Kunst der skrupellosen Manipulation. München, 2. Auflage 2007, S.66ff.

31 John Hoover: Chefs und andere Idioten. Wie man seinen Job überlebt … ohne seinen Boss zu ermorden. Heidelberg 2005, S.259

32 ebd., S.33

33 Gloria Beck: Verbotene Rhetorik. Die Kunst der skrupellosen Manipulation. München, 2. Auflage 2007, S.230ff.

34 Timothy Ferriss: Die 4-Stunden-Woche. Mehr Zeit, mehr Geld, mehr Leben. Berlin 2008, S.118

35 Corinne Maier: Die Entdeckung der Faulheit. Von der Kunst, bei der Arbeit möglichst wenig zu tun. München, 3. Auflage 2005, S.146

36 Jens-Uwe Meyer: Fest im Sattel. Insider-Strategien zur Job-Sicherung. Frankfurt 2007, S.131

37 Bertrand Russell: Lob des Müßiggangs (Originalausgabe 1957). München, 4. Auflage 2006, S.30

38 Martin Wehrle: Der Feind in meinem Büro. Die großen und kleinen Irrtümer zwischen Chef und Mitarbeiter. Berlin 2005, S.115

39 Ferdinand F. Fournies: Warum Mitarbeiter nicht tun, was sie tun sollten. Düsseldorf/Berlin 2001, S.92

40 Corinne Maier: Die Entdeckung der Faulheit. Von der Kunst, bei der Arbeit möglichst wenig zu tun. München, 3. Auflage 2005, S.151

41 Ferdinand F. Fournies, Warum Mitarbeiter nicht tun, was sie tun sollten. Düsseldorf/Berlin 2001

42 Gloria Beck: Verbotene Rhetorik. Die Kunst der skrupellosen Manipulation. München, 2. Auflage 2007, S.85f.

43 Robert I. Sutton: Der Arschloch-Faktor. Vom geschickten Umgang mit Aufschneidern, Intriganten und Despoten im Unternehmen. München/Wien 2007

44 Philippe Rothlin/Peter R. Werder: Diagnose Bore-Out. Warum Unterforderung im Job krank macht. Heidelberg 2007, S.74

45 Ulrich Krystek et al: Innere Kündigung. München/Mehring 1995, S.142

46 Hermann Tirler: Tagebuch eines Faultiers. München, 2. Auflage 1964, S.41

47 Jens-Uwe Meyer: Fest im Sattel. Insider-Strategien zur Job-Sicherung. Frankfurt 2007, S.9, Hervorhebung von mir

48 Blaine L. Pardoe: Karriere im Minenfeld. Subversive Strategien zur Selbstverteidigung am Arbeitsplatz. Frankfurt/Main 1999

49 Matthias Nöllke: Machtspiele. Die Kunst, sich durchzusetzen. Planegg/München 2008

50 Mathias Schütz, Stephen Wirth, Aiko Bode: Lügen in der Chefetage. Gesammelte Unwahrheiten aus dem Management. Weinheim 2007

51 Svenja Hofert: Jeder gegen jeden. Der neue Klassenkampf in den Unternehmen. Heidelberg 2006, S.197

52 Blaine L Pardoe: Karriere im Minenfeld. Subversive Strategien zur Selbstverteidigung am Arbeitsplatz. Frankfurt/Main 1999, S.213

53 Jens Weidner: Die Peperoni-Strategie. So setzen Sie Ihre natürliche Aggression konstruktiv um. Frankfurt 2005, S.158

54 ebd., S.160

55 ebd.

56 ebd., S.163

57 ebd., S.167

58 Philippe Rothlin, Peter R. Werder: Diagnose Boreout. Warum Unterforderung im Job krank macht. Heidelberg 2007, S.39

59 Blaine L. Pardoe: Karriere im Minenfeld. Subversive Strategien zur Selbstverteidigung am Arbeitsplatz. Frankfurt/Main 1999, S.217

60 Jürgen Lürssen: Die heimlichen Spielregeln der Karriere. Wie Sie die ungeschriebenen Gesetze für Ihren Erfolg nutzen. Frankfurt, 2. Auflage 2002, S.178

61 Jens Weidner: Die Peperoni-Strategie. So setzen Sie Ihre natürliche Aggression konstruktiv um. Frankfurt 2005, S.169f.

62 siehe Literaturliste unter »Die fiesen Tricks der Chef«

63 Robert I. Sutton: Der Arschloch-Faktor. Vom geschickten Umgang mit Aufschneidern, Intriganten und Despoten im Unternehmen. München/Wien 2007

64 Erhältlich unter www.privacydongle.com. Der Vertrieb erfolgt durch den FoeBud e.V. (Verein zur Förderung des öffentlichen bewegten und unbewegten Datenverkehrs, www.foebud.org), der auch jährlich den »Big-Brother-Award« vergibt.

65 Fred Maro: Mitarbeiter sind so verletzlich. Regensburg/Düsseldorf/Berlin 2000, S.31

66 Jürgen Lürssen: Die heimlichen Spielregeln der Karriere. Wie Sie die ungeschriebenen Gesetze für Ihren Erfolg nutzen. Frankfurt, 2. Auflage 2002, S.121

67 ebd., S.90

68 vgl. dazu ausführlich: David A. Jones: Getting Even for Interpersonal Mistreatment in the Workplace: Triggers of Revenge Motives and Behavior, in: Jerald Greenberg (Hg.): Insidious Workplace Behaviour. Mahwah, New Jersey, USA, in Vorbereitung,

69 Robert I. Sutton: Der Arschloch-Faktor. Vom geschickten Umgang mit Aufschneidern, Intriganten und Despoten im Unternehmen. München/Wien 2007, S.146

70 S. Dobel: Zum Abschied ein Virus, in: www.sueddeutsche.de/jobkarriere/erfolggeld/artikel/448/33415/4/print:html, 15.06.2004

71 R. Hoppe: Schreib mal wieder, in: Der Spiegel, 47/2006

72 J. Doward, A. Hill: Revenge, in: The Observer, 19.06.2005

73 Michael Kläsgen: Chefs in Geiselhaft, in: SZ, 19.02.2008

74 Helmut Martin-Jung: Das Passwort bleibt sein Geheimnis, in: SZ 19./20.06.2008

75 BILD, 07.04.2008

76 Uwe Ritzer: Jagdszenen aus Südbayern, in: SZ, 13.06.2008

77 »Prüfen Sie alle Projekte«, in: SZ, 19./20.04.2008

Weiterführende Literatur

1. Vom Glück der Faulheit

Axt, Dr. Peter, Axt-Gadermann, Dr. Michaela: Vom Glück der Faulheit. Langsame leben länger. München 2001

Berckhan, Barbara: Schluss mit der Anstrengung! Ein Reiseführer in die Mühelosigkeit. München, 2. Auflage 2002

Braig, Axel: Das Buch der Tugendlosigkeit. Warum es sich lohnt, faul, unpünktlich und unordentlich zu sein. Frankfurt/Main 2004.

Braig, Axel; Renz, Ulrich: Die Kunst, weniger zu arbeiten. Frankfurt/Main, 2. Auflage 2005

Ferriss, Timothy: Die 4-Stunden-Woche. Mehr Zeit, mehr Geld, mehr Leben. Berlin 2008

Hofmann, Dr. Inge: Faulheit ist das halbe Leben. Wer langsam lebt, bleibt lange jung – das biologische Gesetz der Energie. München 2003

Honoré, Carl: Slow Life. Warum wir mit Gelassenheit schneller ans Ziel kommen. München 2007

Küstenmacher, Marion und Werner: Simplify your life. Den Arbeitsalltag gelassen meistern. Frankfurt/Main 2005
Maier, Corinne: Die Entdeckung der Faulheit. Von der Kunst, bei der Arbeit möglichst wenig zu tun. München, 3. Auflage 2005
Nöllke, Matthias: Von Bienen und Leitwölfen. Strategien der Natur im Business nutzen. Freiburg/Breisgau 2008
Plattner, Ilse E.: Sei faul und guter Dinge. Vom Sinn und Unsinn des Erfolgsstrebens. München 2000
Russell, Bertrand: Lob des Müßiggangs. München, 4. Auflage 2006 (Originalausgabe 1957)
Schneider, Wolfgang: Anleitung zum Faulsein. Eine Enzyklopädie. München, 2. Auflage 2006
Seiwert, Lothar: Don't hurry, be happy. In 5 Schritten zum Lebenskünstler. München 2003
Simperl, Michael: Lessness. Weniger ist mehr – genieße es. Berlin 2006
Tirler, Hermann: Tagebuch eines Faultiers. München, 2. Auflage 1964

2. Wie Vorgesetzte wirklich ticken

Adams, Scott: Das Dilbert-Prinzip. Die endgültige Wahrheit über Chefs, Konferenzen, Manager und andere Martyrien. München 2003
Adams, Scott: Dilbert und die Stunde des Wiesels. München 2003
Fournies, Ferdinand F.: Warum Mitarbeiter nicht tun, was sie tun sollten. Düsseldorf/Berlin 2001
Hoover, John: Chefs und andere Idioten. Wie man seinen Job überlebt … ohne seinen Boss zu ermorden. Heidelberg 2005
Lürssen, Jürgen: Die heimlichen Spielregeln der Karriere. Wie Sie die ungeschriebenen Gesetze für Ihren Erfolg nutzen. Frankfurt, 2. Auflage 2002
Meyer, Jens-Uwe: Fest im Sattel. Insider-Strategien zur Job-Sicherung. Frankfurt 2007
Münk, Katharina: Und morgen bringe ich ihn um! Als Chefsekretärin im Top-Management. Frankfurt 2006
Münk, Katharina: Höhenflüge und Höllenfahrten. Was eine Chefsekretärin im Fahrstuhl erlebt. Frankfurt 2007
Suter, Martin: Business Class. Geschichten aus der Welt des Managements. Zürich 2002

Suter, Martin: Huber spannt aus und andere Geschichten aus der Business Class. Zürich 2006

Suter, Martin: Unter Freunden und andere Geschichten aus der Business Class. Zürich 2008

3. Die fiesen Tricks der Vorgesetzten

Adoranti, Frank: How To Lie, Cheat & Steal Your Way To The Top. The Lazy Executive's Guide. GB-Chichester 2005

Beck, Gloria: Verbotene Rhetorik. Die Kunst der skrupellosen Manipulation. München, 2. Auflage 2007

Krug, Gerhard: Tarnen, Tricksen, Täuschen. Das erfolgreiche Projektmanagement. Reinbek bei Hamburg 2008

Neumann, Reiner, Ross, Alexander: Der Macht-Code. Spielregeln der Manipulation. München 2007

Noll, Peter, Bachmann, Hans Rudolf: Der kleine Machiavelli. Handbuch der Macht für den alltäglichen Gebrauch. München, 4. Auflage 2007

Nöllke, Matthias: Machtspiele. Die Kunst, sich durchzusetzen. Planegg/München 2008

Pardoe, Blaine L.: Karriere im Minenfeld. Subversive Strategien zur Selbstverteidigung am Arbeitsplatz. Frankfurt/Main 1999

Phipps, Mike, Gautrey, Colin: 21 Dirty Tricks At Work. How to win at office politics. GB-Chichester 2005

Schütz, Mathias, Wirth, Stephen, Bode, Aiko: Lügen in der Chefetage. Gesammelte Unwahrheiten aus dem Management, Weinheim 2007

Stromberg, Bernd: Langenscheidt Chef- Deutsch/Deutsch – Chef. Berlin/München 2007

Weidner, Jens: Die Peperoni-Strategie. So setzen Sie Ihre natürliche Aggression konstruktiv um. Frankfurt 2005

4. Arbeitsalltag in deutschen Unternehmen

Hofert, Svenja: Jeder gegen jeden. Der neue Klassenkampf in den Unternehmen. Heidelberg 2006

Krystek, Ulrich, et al: Innere Kündigung. München/Mehring 1995

Löpfe, Philipp, Vontobel, Werner: Arbeitswut. Warum es sich nicht

lohnt, sich abzuhetzen und gegenseitig die Jobs abzujagen. Frankfurt 2008
Meissner, Dirk: Der letzte Leistungsträger. Frankfurt/Wien 2004
Reinker, Susanne: Rache am Chef. Berlin, 4. Auflage 2007
Rothlin, Philippe, Werder, Peter R.: Diagnose Boreout. Warum Unterforderung im Job krank macht. Heidelberg 2007
Schrenk, Jakob: Die Kunst der Selbstausbeutung. Wie wir vor lauter Arbeit unser Leben verpassen. Köln 2007
Sutton, Robert I.: Der Arschloch-Faktor. Vom geschickten Umgang mit Aufschneidern, Intriganten und Despoten im Unternehmen. München/Wien 2007
Wehrle, Martin: Der Feind in meinem Büro. Die großen und kleinen Irrtümer zwischen Chef und Mitarbeiter. Berlin 2005